细说 JavaScript 语言

兄弟连教育◎组编

高洛峰　王宝龙　刘　滔◎编著

电子工业出版社·

Publishing House of Electronics Industry

北京·BEIJING

内 容 简 介

本书的重点是 JavaScript 语言的基础语法，它是 JavaScript 能够实现高级特效的必要前提。本书通过最通俗的方式讲解了 JavaScript 语言中的变量、数据结构、运算符、语句、函数、对象等知识。虽然本书内容只是 JavaScript 的基础，与网页没有关系，并不能实现太多页面中的特效，但本书能够起到引领的作用，能够带你走进 JavaScript 的微妙世界，学习前端最核心的内容。本书是"跟兄弟连学 HTML5 系列教程"的第二本书，在知识体系方面需要先掌握系列图书第一本《细说网页制作》中的一部分内容，同时为读者之后学习同系列其他图书做铺垫。

图书在版编目（CIP）数据

细说 JavaScript 语言 / 兄弟连教育组编；高洛峰，王宝龙，刘滔编著. —北京：电子工业出版社，2017.11

ISBN 978-7-121-32885-5

Ⅰ. ①细… Ⅱ. ①兄… ②高… ③王… ④刘… Ⅲ.①JAVA 语言—程序设计 Ⅳ. ①TP312.8

中国版本图书馆 CIP 数据核字（2017）第 247867 号

策划编辑：李　冰
责任编辑：李　冰
特约编辑：彭　瑛　罗树利等
印　　刷：涿州市京南印刷厂
装　　订：涿州市京南印刷厂
出版发行：电子工业出版社
　　　　　北京市海淀区万寿路 173 信箱　　邮编：100036
开　　本：787×1092　　1/16　　印张：18.25　　字数：468 千字
版　　次：2017 年 11 月第 1 版
印　　次：2018 年 9 月第 5 次印刷
定　　价：49.80 元

前言

PREFACE

随着 HTML5 标准化逐渐成熟，以及互联网的飞速发展和移动端的应用不断创新，再加上微信公众号、小程序的应用飙升，原生 APP 向 Web APP 和混合 APP 的转变，用户对视觉效果和操作体验的要求越来越高，HTML5 成为移动互联网的主要技术，也是目前的主流技术之一。HTML5 是超文本标记语言（HTML）的第 5 次修订，是近年来 Web 标准的巨大飞跃。Web 是一个内涵极为丰富的平台，和以前版本不同的是，HTML5 并非仅仅用来表示 Web 内容，在这个平台上还能非常方便地加入视频、音频、图像、动画，以及与计算机的交互。HTML5 的意义在于它带来了一个无缝的网络，无论是 PC、平板电脑，还是智能手机，都能非常方便地浏览基于 HTML5 的各类网站。对用户来说，手机上的 APP 会越来越少，用 HTML5 实现的一些应用不需要下载安装，就能立即在手机界面中生成一个 APP 图标，使用手机中的浏览器来运行，新增的导航标签也能更好地帮助小屏幕设备和有视力障碍人士使用。HTML5 拥有服务器推送技术，给用户带来了更便捷的实时聊天功能和更快速的网游体验。

HTML5 对于开发者来说更是福音。HTML5 本身是由 W3C 推荐的，也就意味着每一个浏览器或每一个平台都可以实现，这样可以节省开发者花在浏览器页面展现兼容性上的时间。另外，HTML5 是 Web 前端技术的一个代名词，其核心技术点还是 JavaScript。如 HTML5 的服务器推送技术再结合 JavaScript 编程，能够帮助我们实现服务器将数据"推送"到客户端的功能，客户端与服务器之间的数据传输将更加高效。基于 SVG、Canvas、WebGL 及 CSS3 的 3D 功能，会让用户惊叹在浏览器中所呈现的各种炫酷的视觉效果。以往在 iPhone、iPad 上不支持的 Flash 将来都有可能通过 HTML5 华丽地呈现在用户的 iOS 设备上。

本套图书介绍

为了让前端技术初学者少走弯路，快速而轻松地学习 HTML5 和 JavaScript 编程，我

们结合新技术和兄弟连多年的教学经验积累，再通过对企业实际应用的调研，编写了一整套 HTML5 系列图书，共 5 本，包括《细说网页制作》、《细说 JavaScript 语言》、《细说 DOM 编程》、《细说 AJAX 与 jQuery》和《细说 HTML5 高级 API》。每一本书都是不同层次的完整内容，不仅给初学者安排了循序渐进的学习过程，也便于不同层次的读者选择；既适合没有编程基础的前端技术初学者作为入门教程，也适合正在从事前端开发的人员作为技术提升参考资料。本套图书编写的初衷是为了紧跟新技术和兄弟连 IT 教育 HTML5 学科的教学发展，作为本校培训教程使用，也可作为大、中专院校和其他培训学校的教材。同时，对于前端开发爱好者，本书也有较高的参考价值。

《细说网页制作》

作为"跟兄弟连学 HTML5 系列教程"的第一本书，主要带领 HTML5 初学者一步步完成精美的页面制作。本书内容包括 HTML 应用、CSS 应用、HTML5 的新技术、各种主流的页面布局方法和一整套页面开发实战技能，让读者可以使用多种方法完成 PC 端的页面制作、移动端的页面制作，以及响应式布局页面的制作，不仅能做出页面，还能掌握如何做好页面。

《细说 JavaScript 语言》

这是"跟兄弟连学 HTML5 系列教程"的第二本书，在学习本书之前需要简单了解一下第一本书中的 HTML 和 CSS 内容。本书内容是纯 JavaScript 语言部分，和浏览器无关，包括 JavaScript 基本语法、数据类型、流程控制、函数、对象、数组和内置对象，所有知识点都是为了学习 DOM 编程、Node.js、JS 框架等 JavaScript 高级部分做准备。本书虽然是 JavaScript 的基础部分，但全书内容都需要牢牢掌握，才能更好地晋级学习。

《细说 DOM 编程》

这是"跟兄弟连学 HTML5 系列教程"的第三本书，全书内容都和浏览器相关，在学习本书之前需要掌握前两本书的技术。本书内容包括 BOM 和 DOM 两个关键技术点，并且全部以 PC 端和移动端的 Web 特效为主线，以实例贯穿全部知识点进行讲解。学完本书的内容，不仅可以用 JavaScript 原生的语法完成页面的特效编写，也为学习后面的 JavaScript 框架课程做好了准备。本书内容是 Web 前端课程的核心，需要读者按书中的实例多加练习，能熟练地进行浏览器中各种特效程序的开发。

《细说 AJAX 与 jQuery》

这是"跟兄弟连学 HTML5 系列教程"的第四本书，其内容是建立在第三本书之上的，包括服务器端开发语言 Node.js、异步传输 AJAX 和 jQuery 框架三部分。其中，Node.js 部分是为了配合 AJAX 完成客户端向服务器端的异步请求；jQuery 是目前主流的前端开发框架，其目的是让开发者用尽量少的代码完成尽可能多的功能。AJAX 和 jQuery 是目前前端开发的必备技术，本书从基本应用开始学起，用实例分解方式讲解技术点，让读者完全掌握这些必备的技能。

《细说 HTML5 高级 API》

这是"跟兄弟连学 HTML5 系列教程"的第五本书，是前端开发的应用部分，主要讲解 HTML5 高级 API 的相关内容，包括画布、Web 存储、应用缓存、服务器发送事件等，可以用来开发移动端的 Web APP 项目。本书重点讲解了 Cordova 技术，它提供了一组与设备相关的 API，通过这组 API，移动应用就能够通过 JavaScript 访问原生的设备功能，如摄像头、麦克风等。Cordova 还提供了一组统一的 JavaScript 类库，以及与这些类库所用的设备相关的原生后台代码。通过编写 HTML5 程序，再用 Cordova 打包出混合 APP 的项目，可以安装在 Android 和 iOS 等设备上。

本套图书的特点

1. 内容丰富，由浅入深

本套图书在内容组织上本着"起点低，重点高"的原则，内容几乎涵盖前端开发的所有核心技能，对于某一方面的介绍再从多角度进行延伸。为了让读者更加方便地学习本套图书的内容，在每本书的每个章节中都提供了一些实际的项目案例，便于读者在实践中学习。

2. 结构清晰，讲解到位

每个章节都环环相扣，为了让初学者更快地上手，本套图书精心设计了学习方式。对于概念的讲解，都是先用准确的语言总结概括，再用直观的图示演示过程，接着以详细的注释解释代码，最后用形象的比喻帮助记忆。对于框架部分，先提取核心功能快速掌握框架的应用，再用多个对应的实例分别讲解每个模块，最后逐一讲解框架的每个功能。对于代码部分，先演示程序效果，再根据需求总结涉及的知识点逐一讲解，然后组合成实例，最后总结分析重点功能的逻辑实现。

3. 完整案例，代码实用

为了便于读者学习，本套图书的全部案例都可以在商业项目中直接运用，丰富的案例几乎涵盖前端应用的各个方面。所有的案例都可以通过对应的二维码扫描，直接在手机上查看运行结果，读者可以通过仔细研究其效果，最大限度地掌握开发技术。另外，扫描每个章节中的资源下载二维码，可以获得下载链接，点击链接即可获取所有案例的完整源代码。

4. 视频精致，立体学习

字不如表，表不如图，图不如视频，每本书都配有详细讲解的教学视频，由兄弟连名师精心录制，不仅能覆盖书中的全部知识点，而且远远超出书中的内容。通过参考本套图书，再结合教学视频学习，可以加快对知识点的掌握，加快学习进度。读者可以扫描每个章节中提供的教学视频二维码，获取视频列表直接在手机上观看，也可以直接登录"猿代码（www.ydma.cn）"平台在 PC 端观看，逐步掌握每个技术点。

5. 电子教案，学教通用

每本书都提供了和章节配套的电子教案（PPT）。对于学生来说，电子教案可以作为学习笔记使用，是知识点的浓缩和重点内容的记录。由于本套图书可以作为高校相关课程的教材或课外辅导书，所以可以方便教师教学使用。读者可以通过扫描对应章节的二维码，下载或在线观看电子教案。本书为部分章节提供了一些扩展文章，也可以通过扫描二维码的方式下载或在线观看。

6. 实时测试，寓学于练

每章最后都提供了专门的测试习题，供读者检验所学知识是否牢固掌握。通过扫描测试习题对应的二维码，可以查看答案和详细的讲解。

7. 技术支持，服务到位

为了帮助读者学到更多的 HTML5 技术，在兄弟连论坛（bbs.itxdl.cn）中还可以下载常用的技术手册和所需的软件。笔者及兄弟连 IT 教育（新三板上市公司，股票代码：839467）的全体讲师和技术人员也会及时回答读者的提问，与读者进行在线技术交流，并为读者提供各类技术文章，帮助读者提高开发水平，解决读者在开发中遇到的疑难问题。

本套图书的读者群

➢ 有审美，喜欢编程，并且怀揣梦想的有志青年。
➢ 打算进入前端编程大门的新手，阶梯递进，由浅入深。
➢ 专业培训机构前端课程授课教材，有体系地掌握全部前端技能。

➤ 各大院校的在校学生和相关的授课老师，课件、试题、代码丰富实用。

➤ 前端页面、Web APP、网页游戏、微信公众号等开发的前沿程序员，是专业人员的
开发工具。

➤ 其他方向的编程爱好者，需要前端技术配合，或转向前端开发的程序员。

参与本书编写的人员还有王宝龙、刘滔和李明，在此一并表示感谢！

2017 年 8 月

目录

CONTENTS

细说 JavaScript 语言

细说 JavaScript 语言

第1章

初识 JavaScript

JavaScript 一直是前端开发主流的编程语言。有人说 JavaScript 非常简单，随便看看就可以写出东西；也有人说 JavaScript 太难学了，学了很久也没能全掌握，并且越学越乱。其实编程语言就是开发工具，没有难易之分，只是应用场景不同罢了，和开发方式及要实现的项目业务复杂度是有关系的。就像在页面上实现一个浮动框、在页面上嵌套一个文本编辑器，或开发一个网页游戏，难度是不一样的。有人认为 JavaScript 简单，可能只是在网上找一个插件，简单修改即可完成自己页面上需要的一个小功能；有人认为 JavaScript 难，可能是因为没有完全掌握 JavaScript 的语法规则和开发思想，以及兼容性问题、弱类型的特点、一个功能多种写法等因素。

不过跟着本书一步步学习，你就可以把复杂的问题简单化，了解 JavaScript 语言的魅力。本书主要讲解 JavaScript 语言语法本身，并不涉及开发特效应用的 DOM 技术和前端框架，所以，如果需要学习 JavaScript 的一些实战开发案例，那么在掌握本书内容以后可以参考其他配套书籍。

本章二维码

本章二维码里面包括：

1. 本章的学习视频。

2. 本章所有实例演示结果。

3. 本章习题及其答案。

4. 本章资源包（包括本章所有代码）下载。

5. 本章的扩展知识。

1.1 JavaScript 概述

JavaScript 是一门独立的、基于对象和事件驱动的解释性脚本语言，是 Web 开发中应用最早、发展最成熟、用户最多的脚本语言。它的语法简洁，代码可读性高。它可以控制客户端浏览器与用户直接交互，即在 Web 开发中通常应用它来增强网页与应用程序间的交互，可以制作出丰富多彩的效果。它的解释器被称为 JavaScript 引擎，是浏览器的一部分，最早在 HTML 网页上使用，是一种网页编程技术，用来给 HTML 网页增加动态功能，大部分使用者将它用于创建动态交互网页。

1.1.1 JavaScript 和 HTML 的关系

制作一个 Web 页面需要一系列规范。由于 Web 设计越来越趋向于整体化与结构化，通常 Web 标准由三大部分组成，包括结构、表现和行为。HTML 语言就是用来制作页面结构的，主要存放构成网页的 HTML 标签。CSS 则是页面表现的标准语言，对元素的样式进行设置，如宽度、高度、位置、字体等。JavaScript 的作用是控制网页的行为，比如对 CSS 进行更改、动态显示 HTML 标签等。所以一个完善的页面需要使用 HTML、CSS 和 JavaScript 配合完成，如图 1-1 所示。

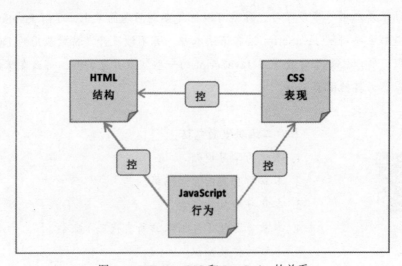

图 1-1 HTML、CSS 和 JavaScript 的关系

1. HTML

HTML 是超文本标记语言，用于定义一个页面的结构，其实就是在网页上显示数据用的，

浏览器通过读取 HTML 才能把网页显示出来，如文字、链接、图片、多媒体、表格等。HTML 通过使用不同的标签把数据显示出来。

2. CSS

CSS 其实就是为 HTML 而生的，CSS 不能离开 HTML。HTML 用来显示数据，而 CSS 用来表示数据、如文字大小、下画线、加粗、颜色、图片的浮动、高度、边框等。HTML 中的 <div> 标签还可以与 CSS 一起形成 DIV 盒子模型，制作页面布局。但随着网格布局（也称栅格布局、栅栏布局）的出现，盒子模型正在逐渐消退，使用 CSS 的网格布局是目前大多数前端框架的选择。

3. JavaScript

JavaScript 同样是因 HTML 而生的，它的功能定位是让静态的 HTML 页面动起来。JavaScript 可以动态地增加 HTML 标签和 CSS 属性，同时能够监听用户的各种操作，如鼠标点击、移动、键盘按键等，通过监听事件，做出 HTML 与 CSS 的动态联动。JavaScript 可以控制 CSS，可以改变 HTML，JavaScript 依赖 HTML 和 CSS，而 HTML 和 CSS 也不能失去 JavaScript。

如前所述，HTML、JavaScript 与 CSS 三者相辅相成、相互作用。HTML 的最初版本仅是为了展示静态信息，只包含很少的标签属性，色彩单调，页面单一；而在遇见 CSS 后，HTML 迎来一个小高潮，CSS 相当于一名化妆师，一下子使 HTML 变得色彩斑斓起来；而在遇见 JavaScript 后，HTML 迎来了第二春，可以说 JavaScript 是一个伟大的引导者，在 JavaScript 的引导下，HTML 由羞于表达、内向自闭开始变得活泼开朗、善于表达。可以说 CSS 让 HTML 变样了，而 JavaScript 让 HTML 变活了。

1.1.2　JavaScript 与浏览器的关系

HTML、CSS 和 JavaScript 这三种语言不能在计算机中直接运行，它们都需要借助浏览器打开，再借助浏览器逐条代码去解析，解析后的结果再在浏览器中显示，也就是我们看到的页面。JavaScript 相当于戏剧剧本，浏览器相当于舞台，浏览器可以根据 JavaScript 的指令显示信息。

因为 JavaScript 作为脚本语言嵌入 HTML 中，所以，要想了解 JavaScript 的执行方式，首先要知道 HTML 文件是如何执行的。当我们在浏览器地址栏中输入 "http://www.itxdl.cn/index.html"，单击提交之后，浏览器会向服务器发送请求报文，服务器收到请求报文后，把被请求的 index.html 文件返回给浏览器。浏览器加载 index.html 文件，解析 HTML 标签，根据标签完成相应的动作（如 IMG、SRC 等，向服务器请求相应资源），然后显示在浏览器窗口中。当浏览器遇到 <script> 标签的时候，就会通过 JavaScript 引擎执行该标签中的 JavaScript 代码。嵌入的 JavaScript 代码是顺序执行的，每个脚本定义的全局变量和函数都可以被后面

执行的脚本所调用。

现在的浏览器种类繁多，而不同的浏览器对同一段代码有不同的解析，从而造成页面显示效果不统一的情况。在大多数情况下，我们的需求是，无论用户用什么浏览器来查看我们的网站或者登录我们的系统，都应该是统一的显示效果。所以浏览器的兼容性问题是前端开发者经常会遇到和必须解决的问题。

1.1.3 JavaScript 的运行原理

JavaScript 引擎就是能够"读懂"JavaScript 代码，并准确地给出代码运行结果的一段程序。比如，你写了"var a = 1 + 1;"这样一段代码，JavaScript 引擎要做的就是看懂（解析）这段代码，并且将 a 的值变为 2。学过编译原理的人都知道，对于静态语言（如 Java、C++、C）来说，处理上述事情的工具是编译器（Compiler）；相应地，对于 JavaScript 这样的动态语言来说则称为解释器（Interpreter）。二者的区别用一句话来概括就是，编译器将源代码编译为另一种代码（比如机器码或者字节码），而解释器直接解析并将代码运行结果输出。比如，浏览器的 Console（控制台）就是 JavaScript 的一个解释器。

简单地说，JavaScript 引擎是浏览器的组成部分。因为浏览器还要做很多别的事情，比如解析页面、渲染页面、Cookie 管理、历史记录等，所以，一般情况下 JavaScript 引擎都是由浏览器开发商自行开发的，比如 IE 9 的 Chakra、Firefox 的 TraceMonkey、Chrome 的 V8 等。可以看出，不同的浏览器采用了不同的 JavaScript 引擎。因此，我们只能说要深入了解哪个 JavaScript 引擎。

但是，现在很难界定 JavaScript 引擎到底是一个解释器还是一个编译器，因为，比如 V8（Chrome 的 JavaScript 引擎），它其实为了提高 JavaScript 的运行性能，在运行之前会先将 JavaScript 编译为本地的机器码，然后再去执行机器码（这样速度就会快很多）。笔者在这里要强调的是，JavaScript 引擎本身也是程序，是由代码编写而成的。比如 V8 就是用 C/C++ 编写的。

JavaScript 语言的一大特点就是单线程，也就是说，同一时间只能做一件事。那么，为什么 JavaScript 不能有多个线程呢？因为 JavaScript 的单线程与它的用途有关。作为浏览器脚本语言，JavaScript 的主要用途是与用户互动。这决定了它只能是单线程的，否则会带来很复杂的同步问题。比如，假定 JavaScript 同时有两个线程，一个线程在某个节点上添加内容，另一个线程删除了这个节点，这时浏览器应该以哪个线程为准？所以，为了避免复杂性，从一诞生 JavaScript 就是单线程的，这已经成为这门语言的核心特征，将来也不会改变。为了利用多核 CPU 的计算能力，HTML5 提出 Web Worker 标准，允许 JavaScript 脚本创建多个线程，但是子线程完全受主线程控制，且不得操作 DOM 节点。所以，这个新标准并没有改变 JavaScript 单线程的本质。

1.2 JavaScript 的主要应用

JavaScript 是一种解释性的脚本编写语言，通常以一段段小程序的方式实现编程。它提供了一个简易的开发过程，基本结构与 C、C++、Java、PHP 十分类似，它与 HTML 和 CSS 标识结合在一起使用，从而方便用户的使用操作，完成特效的编写。JavaScript 常用来完成的任务有：

> 将动态文本嵌入 HTML 页面。
> 对浏览器事件做出响应。
> 读/写 HTML 元素。
> 在数据被提交到服务器之前验证数据。
> 检测访客的浏览器信息。
> 控制 Cookie，包括创建和修改等。

本节介绍 JavaScript 的一些常见应用。当然，需要结合本书的配套书籍的学习，在掌握 DOM 和 JavaScript 框架及 Web APP 等技术后才能全部实现这些功能，本书的内容只是学习这些技术的基础部分。

1.2.1 处理用户事件

JavaScript 是动态的，在客户端计算机中可以直接对用户或客户的输入做出响应，无须将程序提交给 Web 服务器去处理。JavaScript 对用户的反应或响应是采用事件驱动的方式进行的。所谓事件驱动，是指在网页中执行了某种操作所产生的动作，这些动作就被称为"事件"，比如按下鼠标、移动窗口、选择菜单等都可以视为事件。当事件发生后，可能会引起相应的事件响应，像页面中常见的下拉菜单、轮播的焦点图等，如图 1-2 所示。

图 1-2　兄弟连 IT 教育官网下拉菜单和轮播图效果

如下拉菜单，用户只要单击主菜单就会直接在页面上弹出下拉菜单，供用户选择操作。轮播图也是一样，用户也只需要通过鼠标事件操作，就可以切换焦点图，无须到 Web 服务器中运行。

图 1-3 中展示的是兄弟连 IT 教育官网的返回顶部按钮及微信二维码、微博二维码。

图 1-3　兄弟连 IT 教育官网之二维码及返回顶部按钮

返回顶部按钮，相信读者在浏览其他网站时也会经常遇到。当单击此按钮时，会重新回到网页顶部，这在网站首页过长的网站中尤其必要。返回顶部按钮并非永远都在，当滚动条滚动到一定的位置时，才会出现这个按钮。

二维码小图标会即时显示在网站主页之中，当鼠标移入时，在其左侧会出现二维码的大图；当鼠标移出时，会自动隐藏。这种设计充分尊重了用户体验。像这样的操作是 JavaScript 的开发强项，在页面中 JavaScript 程序无处不在。

1.2.2　用 JavaScript 跨平台开发移动 APP

JavaScript 依赖于浏览器本身，与操作环境无关，只要能运行浏览器的计算机，并支持 JavaScript 的浏览器，就可以正确执行。特别是现在比较流行的 APP，在不同的手机操作系统下只能使用相对应的开发语言编写，如 iPhone 使用 Objective-C 开发 APP，Android 系统使用 Java 开发 APP。这样，同一款 APP 需要开发两个版本，不仅需要的开发者多、开发时间长，而且维护和升级成本都很高。

　　而采用 H5+JavaScript 开发的 APP 则可以运行在不同的操作系统中，同时也可以大大缩短开发时间，如图 1-4 所示。

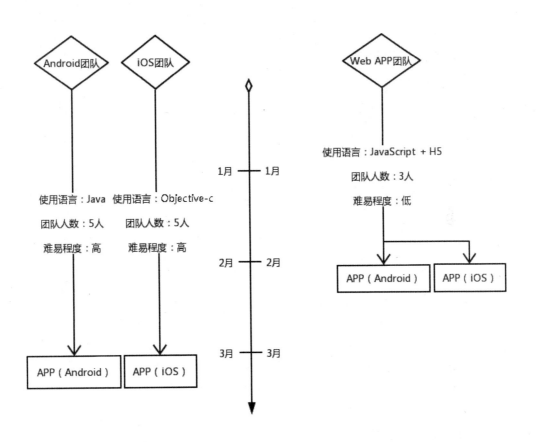

图 1-4　Web APP 和传统 APP 对比

1.2.3　节省与 Web 服务器的交互时间

　　Web 服务器提供的服务要与浏览者进行交流，明确浏览者的身份、需要服务的内容等，这项工作通常由服务器端编程语言 Java 或 PHP 等编写相应的接口程序与用户进行交互来完成。

　　很显然，通过网络与用户的交互过程一方面增大了网络的通信量，另一方面影响了服务器的服务性能。服务器在为每个用户运行 CGI 时，需要一个进程独立为它服务，它要占用服务器的资源（如 CPU 服务、内存耗费等），如果用户填写表单出现错误，那么交互服务占用的时间就会相应增加。被访问的热点主机与用户交互越多，服务器受到的性能影响就越大。

　　JavaScript 是一种基于客户端浏览器的语言，用户在浏览器中填写表单、验证表单的交互过程只是通过浏览器对调入 HTML 文档中的 JavaScript 源代码进行解释执行来完成的，即

使必须调用服务器的程序部分，浏览器也只将用户输入验证后的信息提交给远程的服务器，从而大大减少了服务器的开销。例如，表单验证、文章收藏、加入购物车之类的用户操作，如图 1-5 所示。

图 1-5　兄弟连论坛注册页之信息提示

1.2.4　编写页面特效

HTML 只能将内容放到网页上，CSS 也是为页面上显示的内容添加外观样式和布局，页面中炫酷的特效都归功于 JavaScript。因为 JavaScript 不仅可以控制所有的 HTML 元素，包括添加、修改和删除标签及属性，还能控制所有 CSS 样式属性的变化，再结合元素位置的调整，以及定时器的运用，就可以实现你在页面中见到的所有特效。所以使用 JavaScript 不仅可以使网页增加互动性，还能使有规律地重复的 HTML 文段简化，缩短下载时间。JavaScript 能及时响应用户的操作。JavaScript 的特效是无穷无尽的，只要你有创意，如常见的漂浮广告和菜单、弹窗、跑马灯效果、滚动的图文、进度条、倒计时功能、瀑布流等，如图 1-6 所示。

图 1-6　使用 JavaScript 制作统计图

　　HTML5 提供了 Canvas 的 API 接口。Canvas 的中文释义为画布，而画布是用来绘画的，那么绘画的笔从何而来呢？JavaScript 就相当于画笔，而各位读者就好比一名美术师，可以使用 JavaScript 绘制出一幅幅奇思妙想的画面。比如，使用 JavaScript 制作烟花特效，如图 1-7 所示。

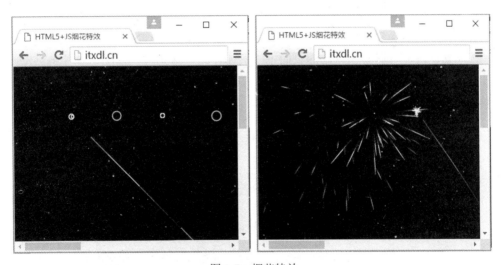

图 1-7　烟花特效

　　目前网页游戏异常火热，而且种类及特效越来越炫酷，这些也归功于 HTML5 提供的 JavaScript 绘图的接口。使用 JavaScript 还可以完成更为高级的特效，如图 1-8 所示实现的就是 3D 晾衣架的特效。

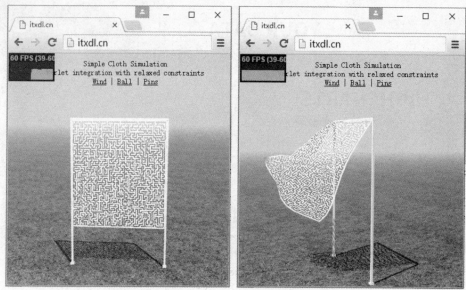

图 1-8　衣服静态特效（左）和衣服随风摆动特效（右）

1.2.5　客户端功能插件

由于 JavaScript 特效和组件在页面中使用非常频繁，而且又有很高的重用性，所以那些被前人写好可以极大提高自己的代码质量及页面展现效果的 JavaScript 文件（称为 JavaScript 插件）在几分钟内即可嵌套在自己的页面中。例如，比较常见的轮播图、各种 JavaScript 菜单、日历、文本编辑器、颜色选择器等。现在多数插件在 HTML5 新增的标签中已经存在，如图 1-9 所示。

图 1-9　JavaScript 插件效果图——日历（左）和颜色选择器（右）

1.2.6 游戏和微活动

网页游戏具有良好的跨平台性与传播性，而传统游戏需要购买正版光盘，同时又要安装等，非常麻烦。对于以前信息不发达的年代来说，传统的方式不仅仅阻碍了游戏的销售与传播，同时使得玩家玩游戏具有一定的门槛。而使用 JavaScript 开发的小游戏只需要一个 URL 链接地址即可开始游戏，不仅如此，还不受时间、地点、设备的限制。随着 HTML5 日益成熟，以及越来越多 HTML5 游戏引擎的出现，网页游戏开发逐渐流行起来。和游戏类似，还有为微信公众号和微博积攒人气的微活动，也是目前 JavaScript 结合 HTML5 开发的热门，如刮刮卡、大转盘、一战到底、老虎机、砸金蛋等活动，如图 1-10 所示。

图 1-10   常见的微活动开发案例

1.2.7 其他方面的应用

随着 JavaScript 应用日益广泛，很多编程语言中都有 JavaScript 的身影。早期进行数据交换一般使用 XML 格式，而目前都在向 JSON 转变。JSON（JavaScript Object Notation）是一种轻量级的数据交换格式，具有良好的可读和便于快速编写的特性，可在不同平台之间进行数据交换。JSON 采用兼容性很高的、完全独立于语言的文本格式。这些特性使得 JSON 成为理想的数据交换语言。另外，Node.js 开发语言也采用 JavaScript 语法，主要应用于后端；JavaScript 是一种 Web 前端语言，主要应用于 Web 开发中，由浏览器解析执行。而 Node.js 是一个可以快速构建网络服务及应用的平台，是用 JavaScript 语言构建的服务平台，可用于后端建立服务器。还有现在比较流行的 NoSQL 数据库 MongoDB，也和 JavaScript 有关，自 MongoDB 2.4 以后的版本均采用 V8 引擎执行所有的 JavaScript 代码，允许同时运行多个

JavaScript 操作；MongoDB 提供了对 JavaScript 的完整支持，如在 MongoDB 服务器端和 Mongo Shell 里都提供了良好的支持。

1.3 JavaScript 的发展史

JavaScript 是一种直译式脚本语言，是一种动态类型、弱类型、基于原型的语言，内置支持类型。它的解释器被称为 JavaScript 引擎，是浏览器的一部分，广泛用于客户端的脚本语言，最早在 HTML 网页上使用，用来给 HTML 网页增加动态功能。

1.3.1 JavaScript 的诞生

JavaScript 诞生于 1995 年，起初设计它的主要目的是处理以前由服务器端负责的一些表单验证。在那个绝大多数用户都在使用调制解调器上网的时代，用户填写完一个表单点击提交，需要等待几十秒，之后服务器反馈说你某个地方填错了。在当时如果能在客户端完成一些基本的验证，那绝对是令人兴奋的。当时走在技术革新前沿的 Netscape（网景）公司决定着手开发一种客户端语言，用来处理这种简单的验证。当时工作于 Netscape 的 Brendan Eich（布兰登·艾奇，JavaScript 之父，如图 1-11 所示）开始着手为即将在 1995 年发行的 Netscape Navigator 2.0（网景导航者浏览器）开发一个被称为 LiveScript 的脚本语言，其目的是在网景导航者浏览器和服务器（本来要称之为 LiveWire）端使用它。

就在 Netscape Navigator 2.0 即将正式发布前，Netscape 将其更名为 JavaScript。而现在 JavaScript 可以在所有浏览器中运行，它的成功让它成为几乎所有浏览器的标准配置，并导致了思维定势。而且它还适合很多和 Web 无关的应用程序使用。

图 1-11　JavaScript 之父 Brendan Eich（布兰登·艾奇）

1.3.2　JavaScript 与 Java 的关系

Netscape 最初将其脚本语言命名为 LiveScript，为了赶在发布日期前完成 LiveScript 的开发，Netscape 与 Sun 公司成立了一个开发联盟，后来为了搭上媒体热炒 Java 的顺风车，临时把 LiveScript 改名为 JavaScript，所以从本质上来说 JavaScript 和 Java 没什么关系。只是 JavaScript 最初受 Java 启发而开始设计，目的之一就是"看上去像 Java"，因此在语法上有相似之处，一些名称和命名规范也借鉴了 Java。就像 C++ 不是 C 的子集一样，JavaScript 也不是 Java 的子集，在应用上，Java 要远比原先设想的好得多。JavaScript 也不是由 Java 的老东家 Sun 公司开发的，这个"Script"后缀暗示了它不是一门真正的编程语言，而 JavaScript 却能带来更强的表达力和动态性。

JavaScript 采用了 C 语言风格的语法，和 PHP 也很像，包括大括号和复杂的 for 语句，让它看起来好像一个普通的过程式语言。其实这是一种误导，因为 JavaScript 与函数式语言 Lisp 和 Scheme 有更多的共同之处，因为 JavaScript 的主要设计原则源于它们，像 JavaScript 用数组代替了列表、用对象代替了属性列表。

1.3.3　JavaScript 与 JScript 的关系

JavaScript 1.0 获得了巨大的成功，Netscape 随后在 Netscape Navigator 3 中发布了 JavaScript 1.1。恰巧那个时候微软决定进军浏览器，发布了 IE 3.0 并搭载了一个 JavaScript 的克隆版，叫作 JScript（这样命名是为了避免与 Netscape 潜在的许可纠纷）。

微软步入 Web 浏览器领域的重要一步虽然令其声名狼藉，但也成为 JavaScript 语言发展过程中的重要一步。在微软进入后，有 3 种不同的 JavaScript 版本同时存在：Netscape 的 JavaScript、IE 的 JScript，以及 CEnvi 的 ScriptEase。

与 C 和其他编程语言不同的是，JavaScript 并没有一个标准来统一其语法或特性，而这 3 种不同的版本恰恰突出了这个问题。随着业界担心的加剧，这门语言的标准化显然已经势在必行，JavaScript 的规范化最终被提上日程。

1.4　伟大的 ECMA 标准

发展初期，JavaScript 的标准并未确定，同期有 Netscape 的 JavaScript、微软的 JScript 和 CEnvi 的 ScriptEase 三足鼎立。1997 年，在 ECMA（欧洲计算机制造商协会）的协调下，由 Netscape、Sun、微软、Borland 组成的工作组确定了统一的标准：ECMA-262。

1.4.1　ECMAScript 标准是什么

ECMAScript 是一种由 ECMA 国际（前身为欧洲计算机制造商协会,英文名称是 European Computer Manufacturers Association）通过 ECMA-262 标准化的脚本程序设计语言。这种语言在万维网上广泛应用，往往被称为 JavaScript 或 JScript。值得注意的是，实际上后两者是 ECMA-262 标准的实现和扩展，但两者之间并不能画等号。

1.4.2　ECMAScript 标准的由来

JavaScript 与 JScript 基本相容，但存在很多差异，这也导致了后来进行前端开发的工程师每天都要面临非常头痛的兼容问题。Web 开发的一大特征就是兼容，用户会使用不同品牌的浏览器，而这些浏览器都需要实现或者支持同样的标准，这与桌面软件开发完全不同。

所以在 1996 年，Netscape 将 JavaScript 提交给欧洲计算机制造商协会进行标准化。其目的是希望 JavaScript 能够统一实现标准，在各个品牌的浏览器中实现效果统一，不会发生偏差或者兼容问题。最终 ECMA-262 的第一个版本于 1997 年 6 月被 ECMA 组织采纳，定义了一种名为 ECMAScript 的新脚本语言的标准。次年，ISO/IEC（国标标准化组织和国际电工委员会）也采用了 ECMAScript 作为标准（ISO/IEC-16262）。

1.4.3　ECMAScript 标准的版本

到目前为止，ECMA 标准共发布了 6 个版本，第 7 个版本正在制定中。ECMAScript 的不同版本又称为版次，每个版本都增加了一些特性，如表 1-1 所示。

表 1-1　ECMA 标准发布的版本及其差异

版本	发表日期	说　　明
第 1 版	1997 年 6 月	实质上与 Netscape 的 JavaScript 1.1 相同，只不过做了一些小改动：支持 Unicode 标准，对象与平台无关
第 2 版	1998 年 6 月	主要是编辑加工的结果，没有做任何新增、修改或删减处理
第 3 版	1999 年 12 月	这个版本才是对该标准第一次真正的修改。修改内容包括字符串处理、错误定义和数值输出。这一版还新增了对正则表达式、新控制语句、try-catch 异常处理的支持，并围绕标准的国际化做出了一些小的修改。第 3 版也标志着 ECMAScript 成为一门真正的编程语言

版本	发表日期	说　　明
第 4 版	放弃	这个版本对这门语言进行了一次全面的检核修订。由于 JavaScript 在 Web 上日益流行，开发者纷纷建议修订 ECMAScript，以使其能够满足不断增长的 Web 开发需求。ECMA TC39 重新召集相关人员共同谋划，结果，出台后的标准几乎是在第 3 版的基础上完全定义了一门新的语言。第 4 版不仅包含了强类型变量、新语句和新的数据结构、真正的类和经典继承，还定义了与数据交互的新方式。此时，TC39 下属的一个小组认为第 4 版给这门语言带来的跨越太大了，他们提出了 ECMAScript 3.1 的替代性建议，该建议只对这门语言进行了较少的改进。最终，ECMAScript 3.1 附属委员会获得的支持超过 TC39，ECMA-262 第 4 版在正式发布前被放弃
第 5 版	2009 年 12 月	ECMAScript 3.1 最终成为 ECMA-262 第 5 版，这个版本力求澄清第 3 版中已知的歧义并添加了新的功能，包括原生 JSON 对象、继承的方法和高级属性定义，以及严格模式
第 6 版	2015 年 6 月	增加多个新的概念和语言特性

1.4.4　ECMAScript 第 6 版的新特性

ECMAScript 第 6 版简称 ES6（ECMAScript 2015），于 2015 年 6 月 17 日发布。它的出现无疑给前端开发者带来了新的惊喜。它包含了一些优异的新特性，可以更加方便地实现很多复杂的操作，提高开发者的效率。

截至发布日期，JavaScript 的官方名称是 ECMAScript 2015，ECMA 国际意在更频繁地发布包含小规模增量更新的新版本。从现在开始，新版本将按照"ECMAScript+年份"的形式发布，如下一个版本在 2016 年发布，则命名为 ECMAScript 2016。

ES6 是继 ES5 之后的一次主要改进，语言规范由 ES5.1 时代的 245 页扩充至 600 页。ES6 增添了许多必要的特性，例如，模块和类，以及一些实用特性，如 Maps、Sets、Promises、生成器（Generators）等。尽管 ES6 做了大量的更新，但是它依旧完全向后兼容以前的版本。标准化委员会决定避免由不兼容版本语言导致的"Web 体验破碎"。结果是，所有老代码都可以正常运行，整个过渡也显得更为平滑，但随之而来的问题是，开发者抱怨了多年的老问题依然存在。截至发布日期，没有一款完全支持 ES6 的 JavaScript 代理（无论是浏览器环境还是服务器环境），所以热衷于使用语言最新特性的开发者需要将 ES6 代码转译为 ES5 代码，很快主流浏览器完全实现了 ES6 特性。

本章不会过多讲解 ES6 的专业术语，读者只需清楚现阶段开始应用的是 ES6 标准即可。在后面的章节中涉及与 ES6 相关的新特性时，会展开详细介绍。

1.5 JavaScript 的特性

不同于 PHP 或 JSP 这样的服务器端脚本语言,JavaScript 主要被作为客户端脚本语言在用户的浏览器上运行,不需要服务器的支持。所以在早期,开发者比较青睐于 JavaScript 以减轻服务器的负担,但与此同时也带来另一个问题——安全性。而随着服务器的壮大,虽然现在的开发者更喜欢运行于服务器端的脚本以保证安全,但 JavaScript 仍然以其跨平台、容易上手等优势大行其道。同时,有些特殊功能(如 AJAX)必须依赖 JavaScript 在客户端进行支持。随着 Node.js 的发展,以及事件驱动和异步 I/O 等特性,JavaScript 逐渐被用来编写服务器端程序。JavaScript 具有以下特点:

> 脚本语言。JavaScript 是一种解释性脚本语言,C、C++等语言先编译后执行,而 JavaScript 在程序的运行过程中逐行进行解释。

> 基于对象。JavaScript 是一种基于对象的脚本语言,它不仅可以创建对象,而且可以使用现有的对象。

> 简单。JavaScript 语言中采用的是弱类型的变量类型,对使用的数据类型未做出严格的要求,是基于 Java 基本语句和控制的脚本语言,其设计简单、紧凑。

> 动态性。JavaScript 是一种采用事件驱动的脚本语言,它不需要经过 Web 服务器就可以对用户的输入做出响应。在访问一个网页时,在网页中进行鼠标点击或上下移、窗口移动等操作,JavaScript 都可以直接对这些事件给出相应的响应。

> 跨平台性。JavaScript 脚本语言不依赖于操作系统,仅仅需要浏览器的支持。因此,一个 JavaScript 脚本在编写后可以带到任意计算机上使用,前提是计算机上的浏览器支持 JavaScript 脚本语言。目前 JavaScript 已被大多数浏览器所支持。

1.6 JavaScript 的组成

一个完整的 JavaScript 由三部分组成,包括:核心语法部分,即 ECMAScript,描述了该语言的语法和基本对象;文档对象模型(DOM),描述了处理网页内容的方法和接口;浏览器对象模型(BOM),描述了与浏览器进行交互的方法和接口。本书主要讲解 ECMAScript,DOM 和 BOM 在本书的配套书籍中会详细介绍。

1.6.1 JavaScript 语言的语法

JavaScript 也可以在除浏览器以外的其他设备中应用,所以 JavaScript 语法这部分并不与任何具体的浏览器绑定，实际上，它也没有提到用于任何用户输入/输出的方法。这一点与 C 和 PHP 等其他语言不同，需要依赖外部的库来完成这类任务。因为 JavaScript 的语法可以为不同种类的宿主环境提供核心的脚本编程能力，所以核心的脚本语言是与任何特定的宿主环境分开来规定的。

Web 浏览器对于 JavaScript 来说是一个宿主环境，但它并不是唯一的宿主环境。事实上，还有不计其数的其他各种环境，也都可以容纳 JavaScript 实现。所以 JavaScript 在浏览器之外，也就是 ECMAScript 表中规定了一些基本语法、类型、语句、关键字、保留字、运算符、对象等内容，JavaScript 仅仅是一个描述，定义了脚本语言的所有属性、方法和对象。

而其他语言可以实现 JavaScript 来作为功能的基准，每个浏览器都有自己的 JavaScript 接口的实现，然后这个实现又被扩展，包含了 DOM 和 BOM。所以 JavaScript 只包含基本语法部分，学习本书的内容其实并不能完成目标功能的开发。针对浏览器开发一定还要学习 DOM 和 BOM 才能完成页面效果，针对其他设备当然也要再对应地去学习基于 JavaScript 语法的扩展库。

1.6.2　文档对象模型（DOM）

DOM 是 Document Object Model 的缩写，简称"文档对象模型"，由 W3C 制定其规范。DOM 定义了 JavaScript 操作 HTML 文档的接口，提供了访问 HTML 文档（如 body、form、div、textarea 等）的途径及操作方法。浏览器载入 HTML 文档后，将整个文档规划成由节点构成的节点树，文档中的每个部分都是一个节点，如图 1-12 所示。

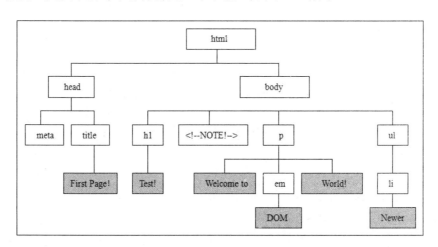

图 1-12　HTML 的 DOM 节点构成的节点树

DOM 不仅是 XML 的应用程序接口（API），而且把整个页面规划成由节点层级构成的文档。HTML 或 XML 页面的每个部分都是一个节点的衍生物，DOM 通过创建树来表示文

档，从而使开发者对文档的内容和结构具有空前的控制力，使用 DOM API 可以轻松地删除、添加和替换节点。

注意：DOM 不是 JavaScript 专有的，事实上许多其他语言都实现了它。不过，Web 浏览器中的 DOM 已经是 JavaScript 语言的一个重要组成部分。

1.6.3　浏览器对象模型（BOM）

BOM 是 Browser Object Model 的缩写，简称"浏览器对象模型"。BOM 定义了 JavaScript 操作浏览器的接口，提供了访问某些功能（如浏览器窗口大小、版本信息、浏览历史记录等）的途径及操作方法，可执行其他与页面内容不直接相关的动作，如图 1-13 所示。

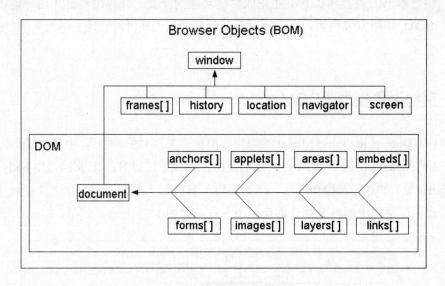

图 1-13　浏览器对象模型

使 BOM 独树一帜且又常常令人怀疑的地方在于，它只是 JavaScript 的一部分，没有任何相关的标准。BOM 主要处理浏览器窗口和框架，不过通常浏览器特定的 JavaScript 扩展都被看作 BOM 的一部分。这些扩展包括：

➢ 弹出新的浏览器窗口。
➢ 移动、关闭浏览器窗口，以及调整浏览器窗口大小。
➢ 提供 Web 浏览器详细信息的定位对象。
➢ 提供用户屏幕分辨率详细信息的屏幕对象。
➢ 提供对 Cookie 的支持。

注意：BOM 有一些"事实上的标准"，如操作浏览器窗口、获取浏览器版本信息等，在不同的浏览器中，对它们的实现方法是一样的。

1.7 JavaScript 在移动开发中的应用

JavaScript 并不仅仅用于网页和网站程序，还可以创建实时应用、桌面和移动应用。移动应用分为两种，即浏览器里的网页应用和本地应用。本地应用通常更快、更强大，因为它们有访问文件系统、传感器、照相机等设备的权限。本地应用通常使用手机指定的语言编写，如 iPhone 中的 Objective-C、Andriod 中的 Java。所以独立开发者通常使用 HTML+CSS+JavaScript 的解决方案。幸运的是，感谢最新的技术，我们可以很方便地将网页应用转换为真正的本地应用。

1.7.1 PC 端和移动端开发的区别

本书讲解的是 Web 开发，所以这里所指的 PC 端开发，就是在计算机中打开的网页或网站程序。而移动端开发当然也说的是手机网页等前端的开发程序。在 PC 端开发网页，无论是 CSS 还是 JavaScript，都必须考虑各种浏览器的兼容性。而通用的移动端浏览器和微信等，几乎使用的都是统一的 WebKit 内核；相比之下，在移动端开发很少需要解决浏览器兼容性问题。随着自媒体的迅速发展，移动端的开发任务也在迅猛增长。

单纯地理解 PC 端和移动端开发的区别，就是移动端的网页开发要比 PC 端的网页开发更简单一些。因为页面小了，装的东西少了，代码自然也就少一些。而且交互也简单一些，像滑动、触屏、手势等，也没有太多的特殊操作。所以 JavaScript 可以完成移动端的开发任务，相对于 PC 端开发而言更加简单。

1.7.2 什么是移动端 Web APP

移动端 Web APP，简单理解就是通过浏览器打开的移动端网页，需要在 HTML 页面头部加入如下一行<meta>标签：

```
<meta name="apple-mobile-web-app-capable" content="yes">
```

这个<meta>标签的作用是让普通移动网页被添加到主屏幕后，类似隐藏 iOS 的上下状态栏，实现全屏，禁止弹性拖拽、修改顶部颜色等，看上去就不是普通的移动端网页了。如手机淘宝、手机美团、手机微博的网页版，大家打开的时候不是全屏的，只是开发者把它们伪装得很像这种 Web APP 的交互体验而已。如果想看移动端网页，则可以参考手机新浪网、手机网页、手机腾讯新闻、手机凤凰，是很好的对比。

还有一种 Web APP 不是直接使用浏览器，而是通过 iOS 和 Android 中的开发语言开发一个类似浏览器的"外壳"，再把网页程序装进去。这种套壳开发和普通的网页开发没有什么区别，只不过资源大部分是以"file"开头的，移动端的本地资源、网络资源再分为使用 JavaScript 异步接口获取和 native 获取，再和 JavaScript 的接口交互，开发出来的 APP 和原生的 APP 看起来并没有什么区别。

1.8 JavaScript 常见的开发形式

使用 JavaScript 开发通常有三种选择：原生 JavaScript、JavaScript 插件和 JavaScript 框架，根据项目的需要选择使用哪一种形式更合适，考虑的因素包括开发效率、运行效率、兼容性、易用性和扩展性等。

1.8.1 原生 JavaScript

原生 JavaScript，是指最基础的 JavaScript，没有被封装过，但因为各浏览器对 JavaScript 的支持不同，从而导致用最基础的 JavaScript 编程需要为不同的浏览器编写兼容代码。现在开发 Web 程序直接使用原生的 JavaScript 去实现的情况越来越少，因为不仅开发效率很低，还需要花大量的时间在设计程序和编写一些基础方法及对象上。但 JavaScript 插件和 JavaScript 框架都是基于原生 JavaScript 语法开发的，所以学习原生的 JavaScript 也可以自己设计出插件和框架，一些大型项目和游戏中的很多算法仍然需要使用原生的 JavaScript 开发。

1.8.2 JavaScript 插件

JavaScript 插件，就是集成了帮助程序员轻松完成功能的程序。简单地说，就是一个个功能模块成品，不需要开发便可直接使用，或只需根据项目情况进行少量改动即可。JavaScript 插件用得比较多，在网页制作上随处可见，如图片轮换功能、导航制作、上传图片等。在一个页面上使用多个插件时需要注意整合问题，以免不同插件之间相互影响。

1.8.3 JavaScript 框架

JavaScript 框架，即 JavaScript 库，是半成品，需要程序员在此基础上添加代码才能完成需求功能，常见的有 jQuery、ExtJS 等。JavaScript 框架就是将常用的方法进行封装，方便调取使用。

一个框架是一个可复用的设计构件，它规定了应用的体系结构，阐明了整个设计、协作构件之间的依赖关系、责任分配和控制流程，表现为一组抽象类及其实例之间协作的方法，它为构件复用提供了上下文关系。因此，构件库的大规模重用也需要框架。JavaScript 框架就是对 JavaScript 各种功能的封装和抽象，使得在使用各种功能的时候具有简便性和更好的兼容性，并且可以扩展框架中的内容。从目前来看，JavaScript 框架及一些开发包和库类有 Dojo、Scriptaculous、Prototype、yui-ext、jQuery、Mochikit、mootools、moo.fx 等，其中 jQuery 最为常用。

1.9　JavaScript 的开发工具

工欲善其事，必先利其器。如果你想在这个领域出类拔萃，那么你就必须具备一些优秀的技能，例如，能操作不同的平台、IDE 和其他各种各样的工具。现在已经不是以前那个掌握一个 IDE 就能"一招鲜，吃遍天"的时代了，激烈的竞争已经蔓延到现在的集成开发环境。基于 IDE 是用于创建和部署应用程序的强大客户端应用程序，对于很多网页设计师和开发者而言，易用的 JavaScript 开发工具有很多，以下列出几款仅供选择。

- ➤ Notepad++：一款开源免费的代码编辑器，支持多种语言。使用简单，功能强大，曾多次获得最佳开发工具奖，是一款学习和使用的利器。
- ➤ Atom：GitHub（代码托管平台，很多开源项目均将代码托管于此）推出的一款开源、免费的代码编辑器，有功能强大的插件包，可以为多种语言设置语法高亮等常用功能。
- ➤ Spket IDE：一款功能强大的工具包，支持 JavaScript 和 XML 开发。其强大的功能可用于 JavaScript、XUL/XBL 和 Yahoo! Widgetd 的编辑开发。这款 JavaScript 编辑器提供了代码补全、语法高亮和内容概要等功能，可帮助开发者高效地创建 JavaScript 代码。
- ➤ IxEdit：一款面向网站的基于 JavaScript 的交互设计工具。IxEdit 允许设计师练习 DOM 脚本而无须在网页上动态地改变、添加、移动或变换元素的代码。
- ➤ Komodo：一款免费的、功能强大的、支持 JavaScript 和其他多种编程语言的代码编辑器。
- ➤ EpicEditor：一款可嵌入的 JavaScript Markdown 编辑器，具备分式式全屏编辑、实时预览、自动保存草稿、离线支持等功能。对于开发者来说，它提供了一个强大的 API，主题明确，并且允许你用任何内容置换出捆绑的 Markdown 解析器。
- ➤ CodePress：一款用 JavaScript 写成的基于 Web 的源代码编辑器，并且在编辑框中编写源代码时，能够实时对语法进行着色加亮显示。
- ➤ Ace：一款用 JavaScript 编写的可嵌入的代码编辑器。它配备了如 Sublime、Vim 和 TextMate 等本地编辑器的功能和性能，可以很容易地嵌入任何网页和 JavaScript 应用程序中。

➢ Scripted：一款快速而又小巧的代码编辑器，最初专注于 JavaScript 的编辑。Scripted 也是一个基于浏览器的编辑器，并且编辑器本身就是从在本地运行的 Node.js 服务器实例上提供的服务。

➢ WebStorm：最智能化的 JavaScript IDE。WebStorm 虽然小巧，但是功能非常强大，完全可以应付复杂的客户端开发和服务器端开发。

如图 1-14 所示，每种开发工具都有其各自的优势。在编写程序时，一款优秀的代码编辑工具会使程序员的编写过程更加轻松、有效和快捷，达到事半功倍的效果。对于一款优秀的代码编辑工具来说，除具备最基本的代码编辑功能外，必备的功能就是语法的高亮显示、代码提示和代码补全。另外，一款优秀的代码编辑工具应具备格式排版功能，该功能可以使程序代码的组织结构清晰易懂，并且易于程序员进行程序调试，排除程序中的错误异常。每个程序员都可以根据自己的需求有选择性地使用开发工具。

图 1-14　Sublime（左）和 Atom（右）的工具开发界面

但开发工具种类之多也给程序员在选择上带来困惑。笔者对开发工具的选用有如下建议：

➢ 一个项目团队尽量使用统一的开发工具，并且要统一版本。

➢ 项目团队中的每个成员要在所使用的工具中设置统一的字符编码，如 UTF-8，以避免因为编码不统一而在进行项目整合时部分页面出现乱码。

➢ 项目开发中常见的是使用缩进，缩进由制表符 Tab 组成，目的是让代码组织结构和层次清晰易懂。需要每个参与项目的开发者在编辑器中进行强制设定，每个缩进的单位约定是一个 Tab（8 个空白字符宽度），以防在编写代码时遗忘而造成格式上的不规范。本缩进规范适用于 JavaScript 中的函数、类、逻辑结构、循环等。

➢ 如果有必要，则每行代码的字符数也不宜过多，具体控制每行字符数量也需要在工具中设定，在 80 个字符以内比较合适，但一行最多不要超过 120 个字符。

➢ 行结束标志在 Windows 中是 "\r\n"，而在 UNIX/Linux 中则是 "\n"。要在开发工具中设定，需要遵循 UNIX/Linux 文本文件的约定，使用 "\n" 结束，而不要使用 Windows 的回车换行组合。

建议在学习阶段选择像 Notepad++这样的工具，尽量不要使用代码补全功能，可以加深对代码的印象，还可以深入了解代码。当然，在工作时，为了提高效率，还是选择功能强大一些的工具比较好。

除开发工具以外，调试 JavaScript 对正在开发 Web 应用的开发者而言是一项相当痛苦而又艰巨的任务。因此，你还需要收集一些易用的 JavaScript 调试工具，可以帮助你调试脚本，以实现更精确的结果。

大多数浏览器自带 JavaScript 的调试工具，如谷歌浏览器内置了 Web 开发工具，你可以在任何网页上编辑、调试、监控 CSS、HTML 和 JavaScript 代码。另外，为了代码安全和提高传输效率，也需要了解一些 JavaScript 加密和压缩工具。

1.10　本书的上下文内容

本书主要讲解 JavaScript 语言基础，内容包括 JavaScript 脚本的核心语法，如 JavaScript 的应用领域、变量、数据类型、关键字、保留字、运算符、对象和语句等。这部分语法不属于任何浏览器，所以学完本书的内容并不能实现页面特效。但这部分内容是脚本的"骨架"，有了"骨架"就可以在它上面进行扩展。所以要想实现页面特效，一定要学习 DOM 和 BOM，而在学习 DOM 和 BOM 之前一定要学习 JavaScript 基础语法。

另外，在学习 JavaScript 之前，最好先学习 HTML 和 CSS 方面的知识，因为 JavaScript 的操作大多是对 HTML 标签的查询、修改、添加、删除、注册侦听器，以及对样式表 CSS 的控制等。而学完 JavaScript 部分，不仅能学习 BOM 和 DOM 实现一些页面特效，进而去学习 AJAX 和 jQuery，以及其他框架，还可以学习一些 Node.js 后端开发和 MongoDB 数据库之类，它们也是建立在 JavaScript 语法之上的。

1.11　JavaScript 的学习方法

每种开发语言的特点不一样，内容不相同，开发目标也不一致，所以编程语言之间的学习方法有相似的地方，但也有自己的独特之处。新手都会觉得写程序时不知如何入手，对于一个问题觉得明白了，但一写东西就不知道怎么办了。特别是 JavaScript 这门技术，东西不多，但感觉混乱。

1.11.1　编程思想

学习语法部分没有什么好办法，只能多写、多练、多记。其实学程序思想是最关键的，真正的高手遇到任何问题都知道如何解决，在写出代码之前对程序的大体结构已经做到心中有数，绝非写一点想一点。能够做到这些，都是因为思想。当然，这种东西也有别的叫法，如"思路"、"算法"、"经验"、"方法"等。而思想这东西本书没有，本书只有一个个函数、一个个知识点。这些思想全部来源于实际工作中遇到的问题，再通过提炼，贯穿于整个课程之中，让大家快速吸收、高速成长。

1.11.2　编程实战

打过篮球吗？投篮理论可能掌握得很快，但要提高命中率、灵活自如可就需要反复练习。学编程也是一样的，能看懂的代码，但不一定能写出来，写不出来就不是你的！多动手练习是非常有必要的，可能刚接触时，写了几行代码就会出现 n 个错误，出现的错误就是你没有掌握的技术，解决了的问题就是你学到的，当错误出现得越来越少时，你的代码编写能力也就越来越熟练。当然，为了能更快地解决代码错误，初期可以每写几行代码就运行一下，这样方便定位查找 Bug。另外，写代码是对理论进行实践的最好方法，你认为比较迷茫的技术都可以通过实验解释通过。还有，在练习时一定要边练习边为代码加上注释，或记录学习笔记、总结和分析。

笔者作为编程过来人，刚学编程时同样没有思路，至少也是照猫画虎画有上万行代码才慢慢出现思路的。就像刚开始写作文时要有思路，一般也要经过几个阶段，首先学习词汇，然后学习造句，接着大量阅读别人的文章，再自己模仿着写一些，逐渐积累经验，才能形成自己的思路。学编程，恐怕也得慢慢来，只是看一看、听一听，不动手是不足以学好编程的。多动手跟着书上的例子或配套的教学视频开始练习，当然最好加一些自己的功能，按自己的思路敲上一些代码，收获会大得多。量变是会引起质变的，而这种质变的确发生过不少次。提醒一下，要在理解代码思路之后再跟着敲、背着敲，千万不要左边摆着别人的程序，右边自己一个一个字母地照着写，这就不再是程序员了，而成打字员了。纸上得来终觉浅，别问那么多，别想那么多，动手写吧。

1.11.3　要事为先的原则

盖房子，要先建骨架，再谈修饰；画山水，要先画结构，再谈润色；认识一台结构复杂的机器，应该首先认清楚脉络，然后再逐步认识每一个关节。为了应付从小学到大学的考试，我们背了各种各样的不应该提前掌握的细节，同时也养成了见到细节就死抠的学习习惯。而现在学 JavaScript，是该改改的时候了。"抓大放小，要事为先"，这是对待烦琐事务的态度。对于以前从来没有接触过 JavaScript 的新人，似乎每个领域都可以拓展开来，都是一片开阔地，想要深入接触到每一个细节，所耗费的精力无疑是巨大的。多数新手都胸怀壮志、两眼发光地盯着每一个崭新的知识点，对遇见的任何一个知识点都恨不得抠得清清楚楚、明明白白。难道这有什么不对吗？笔者的意见是，没什么大毛病，但是学习效率太低了！任何事情都要追求完美才敢继续往后进行，这是一种性格缺陷。大胆地放弃一些东西吧，有失才有得，把自己有限的、宝贵的精力用在与重要知识点直接相关的地方，这才是最有效率的学习方式！等全部要点拿下以后，有时间、有精力的时候，再去研究那些边边角角的技术吧。一切和我们的直接工作目标关联不大的东西，扔在一边或者弄清楚到足够支持下一步的学习就可以了。把时间和精力花在开发项目上面，花在写作品及锻炼解决问题的能力上面，这是成长为高手的正确且快速的方向。

当你看书看到某个地方暂时不理解的时候，暂时放手吧，追求一些行云流水、自然而然的境界，只是不要停下前进的脚步，不要被大路旁边的细枝末节干扰了你前进的行程。项目，真实的项目，这才是目的。以项目驱动自己的学习，当把握了技术的脉络之后再去补充对细节的研究，是学习 JavaScript 的正确途径。

1.11.4　Bug 解决之道

无论是新手，还是老练的程序员，写程序不可能不遇到 Bug。那么，自学时遇到 Bug，比如浏览器不兼容、程序调不出来、运行不正常，该怎么办呢？

首先我要恭喜你，遇见问题，意味着你又有了积累经验的机会。每解决一个问题，你的 JavaScript 经验值就应该上升几百点；问题遇到得越多，知识提升得就越快。

但是，总有解决不了的 Bug 也是很恼人的，怎么办呢？笔者的建议是，当你遇到一个问题的时候，首先要仔细观察错误的现象，是的，要仔细。有不少新人的手非常快，访问页面报了一大堆错误，扫了一眼之后就开始盯着代码一行一行地找。看清什么错误了吗？没有！还有出现 Bug 马上上网求救，自己都没看一下，这都是典型的不上心的方法！请记住，学习编程并不是一件很容易的事情，自己首先要重视、要用心才可以。别人帮你解决问题可不是你的提高，最少也要自己试着解决一会儿，真的没有思路了，可就别浪费时间了，再花多少时间也解决不了，这时候就该想想别的办法了。在开发中，仔细观察出错信息，或者运行不正常的信息，是你要做的第一件事。如果错误信息读懂了，就要仔细思考问题会出在哪个环节；如果没读懂，又该怎么办呢？读了个半懂，有些眉目但是不太确定，应如何处理呢？

1. 要仔细思考问题会出在哪些环节

一辆汽车从生产线上下来，车门关不上，哪里出问题了？你该怎么查？当然是顺着生产

线一站一站地查下来。程序也是一样的，也是一系列语句完成后产生的结果。当你读懂了一个问题之后，要好好地思考这个问题可能会在哪些环节上出错。每个环节都可能出现问题，怎么才能知道是哪里出的问题？继续往下读。

2. 如何定位错误

写代码时常见的 Bug 其实就两大类：一类是语法错误，如没写结束的分号，访问时页面中就会提示哪里出错，打印出错误报告，只要认真读完错误报告，这样的问题很容易找到，也很好解决；另一类是编写的逻辑错误，这是由于设计缺陷或开发思路混乱造成的，要定位这样的错误会麻烦一些。分析清楚有哪些环节之后，通常有三种方法找到错误位置。第一种是输出调试法，在多个可疑的位置打印输出不同的字符串，通过观察输出的结果，并结合输出信息的位置周围的代码来确认错误位置。第二种是注释调试法，先将所有代码注释掉，再从上到下一点点去掉注释，去一次运行一下观察运行结果，有不正常的结果出现也就定位到了错误的位置。第三种是删除调试法，先将代码备份，然后删除一部分调试一部分，也就是去掉一部分的功能做简化，然后调试剩下的功能。如果还查不出来，那么恭喜你，你遇到的错误是值得认真对待的错误，是会影响你学习生涯的错误，就使用搜索引擎吧。也可以在专业的 BBS 中详细列出问题，或加入一些 QQ 群求指导。但向别人提问是非常需要技巧的！曾经有人问我这样的问题："请问如何才能学好编程呢？"这个要求太泛泛了。还有人给我一段长长的代码甚至把项目压缩包发过来，然后说"有个错误您帮我查查"。还有人问这样的问题：是否有人能帮我完成一个完整的聊天程序？请帮我写一个游戏引擎吧。这样的要求有些过分了，有人帮你是你的运气，没有人帮你是正常反应。向别人提问，首先应该确定你已经做了自己应该做的事，不要没有经过认真思考就草率地向别人提问，这样自己也不会有太大的进步。

1.11.5　看教学视频，让学习变得简单

跟教学视频学习可是最好的学习方式了，既有详细的理论讲解又有代码分析，看书和配套视频结合学习可以达到最佳的效果。目前，网上可以免费学习的技术视频越来越多，像猿代码（www.ydma.cn），不仅视频种类多、视频新、讲解全面详细，而且还会根据企业实际的技术应用不断更新；不仅可以记录学习笔记，还有专业老师在线指导答疑，也可以和同学互动。找到比较适合你的全套视频，保存在自己的硬盘里就是你的了吗？不对！一定要有计划地学习才可以。你可以给自己定一个目标，每天看几集，每周完成哪些部分，一个月学到哪里，并不断坚持。不然，今天学点，一个月后再学点，这样不会有进展。跟着视频学习，重点内容最好过三遍，第一遍了解大概，第二遍边听边记笔记，第三遍跟着视频中的演示自己练习书写代码。

本章小结

本章向读者介绍了 JavaScript 语言产生的背景、发展史及如何学习 JavaScript。JavaScript 是以 ECMAScript 为语言标准的，现代浏览器的最新版本基本上都支持 ECMAScript 的最新规范。JavaScript 是 Web 前端开发中最重要的技术，是 HTML5 中的核心技能。随着页面特效要求越来越高，再加上网页游戏、Web APP 及微信公众平台的应用，以及微信小程序的上线，HTML5 迎来又一个春天，JavaScript 还会继续作为前端开发的主流应用。

本章习题及其答案

本章资源包

本章扩展知识

课后练习题

一、选择题

1．关于 JavaScript 与 Java 的关系，以下描述错误的是（　　）。

A．JavaScript 最初受 Java 启发而开始设计，语法上有类似之处

B．JavaScript 是 Java 的子集，是由 Java 语言进行编写的

C．JavaScript 是由 Sun 公司开发的

D．JavaScript 是脚本编程语言，最基本的运行环境是浏览器

2．以下对 ECMAScript 与 JavaScript 的描述，正确的是（　　）。

A．JavaScript 是 ECMAScript 的实现，而 ECMAScript 是 JavaScript 的标准

B．ECMAScript 与 JavaScript 均是脚本语言，但二者的运行环境不一致

C．JavaScript 诞生时的名字为 ECMAScript，因为 Java 的流行，所以将其更名为 JavaScript

D．JavaScript 是由 Netscape 公司与 Oracle 公司合作开发的

3．以下哪一个为 JavaScript 之父？（　　）

A．布兰登·艾奇　　　　　　　　　　B．布兰德·艾维亚

C．阿诺·弗雷德曼　　　　　　　　　D．沃兰特·艾加

4．以下哪一个不是 JavaScript 的主要应用？（　　）

A．网页游戏的开发　　　　　　　　　B．网页特效及用户交互的处理

C．与计算机底层交互　　　　　　　　D．请求服务器数据，实现即时的表单验证

5. 以下哪一个是 JavaScript 的前端框架？（　　）

A. Spring 框架　　　　　　　　　　B. jQuery

C. Laravel 框架　　　　　　　　　　D. Yii 框架

6. 下面哪一个不是 JavaScript 的组成部分？（　　）

A. ECMAScript 标准　　　　　　　　B. DOM

C. BOM　　　　　　　　　　　　　　D. jQuery

7. 以下对 JavaScript、HTML 与 CSS 的关系的描述，错误的是（　　）。

A. JavaScript 可以动态地增加 HTML 标签

B. CSS 让 HTML 变得色彩绚丽，教会了它化妆；JavaScript 让 HTML 动了起来，教会了它跳舞

C. HTML、CSS 与 JavaScript 相辅相成，共同组成现代网页

D. CSS 与 JavaScript 均可以脱离 HTML 而独立运行

8. 以下哪一项不是 JavaScript 能够做到的？（　　）

A. 制作统计图　　　　　　　　　　B. 制作网页游戏

C. 制作 Web APP　　　　　　　　　D. 制作原生 iOS APP

9. 以下哪一个不是 DOM 的组成部分？（　　）

A. Document　　　　　　　　　　　B. Object

C. Model　　　　　　　　　　　　　D. Media

10. 对于移动端 Web APP 的描述，以下哪一项是错误的？（　　）

A. 移动端的 Web APP，简单理解就是通过浏览器打开的移动端网页

B. 开发者把 Web APP 伪装得很像这种原生 APP 的交互体验

C. Web APP 可以不直接使用浏览器，而是通过 iOS 和 Android 中的开发语言开发一个类似浏览器的"外壳"，再把网页程序装进去

D. Web APP 是使用 iOS 和 Android 的编程语言编写而成的，然后由开发者为其封装一层 Web 的外壳

二、简答题

简述 JavaScript 的主要应用场景。

第2章

学习前的准备

浏览器是最基本的 JavaScript 运行环境，而一个网页是由 HTML、CSS、JavaScript 共同组成的，那么，如何让 HTML 代码与 CSS 和 JavaScript 代码结合在一起呢？代码编辑器众多，且功能强大，在纷繁复杂的编辑器中，该如何选择一款适合自己的编辑器呢？当 JavaScript 代码在浏览器上运行时，如何查看运行结果？

显然，以上三个问题都是读者在学习基础语法知识之前必须了解的。当读者学习完本章内容之后，就能够完成对 JavaScript 的基本使用和调试。

本章二维码

本章二维码里面包括：
1. 本章的学习视频。
2. 本章所有实例演示结果。
3. 本章习题及其答案。
4. 本章资源包（包括本章所有代码）下载。
5. 本章的扩展知识。

2.1 开发环境和开发工具的选择与使用

工欲善其事，必先利其器。一个好的浏览器和一个优秀的代码编辑器可以让你的编码效率提升数倍。浏览器作为 JavaScript 的运行环境，是 JavaScript 实现的基本条件，而学习一门编程语言最基本的就是开发环境的搭建，这无疑给这门语言提升了门槛，比如 PHP 的运行环境 LAMP 或 LNMP。而 JavaScript 之所以能够快速上手，原因之一就是无须搭建环境，将代码交给浏览器就可以直接执行。那么，该选择哪种浏览器呢？代码编辑器种类众多，在众多的编辑器之中我们该如何选择适合自己的呢？

本节主要针对以上两个问题进行解答。

2.1.1　开发环境

一门编程语言可以用于沟通的前提就是沟通双方都懂这门语言，或者中间有一个翻译。JavaScript 之所以能够被浏览器解析运行，是因为在浏览器中集成了 JavaScript 引擎，或者称为 JavaScript 解析器，它充当了翻译官这一角色。部分浏览器如图 2-1 所示。

Chrome 浏览器　　　　　　Firefox 浏览器

Safari 浏览器　　　　　　IE 浏览器

图 2-1　部分浏览器

JavaScript 引擎有很多，包括 Chrome 的 V8 引擎、Firefox 的 SpiderMonkey 引擎、IE 的 Chakra 引擎等。在对于 ECMAScript 标准的支持上，最新版本的 Chrome 浏览器、Firefox 浏览器、Safari 浏览器、Opera 浏览器、IE 浏览器几乎做到了对标准的完全支持，如图 2-2 和图 2-3 所示。

Feature name	Current browser	es5-shim	KQ 4.14[2]	IE 11	Edge 13[3]	Edge 14[3]	FF 45 ESR	FF 50	CH 55, OP 42[1]	SF 9	SF 10
Object/array literal extensions	0/5	3/5	5/5	5/5	5/5	5/5	5/5	5/5	5/5	3/5	5/5
Object static methods	1/13	13/13	13/13	13/13	13/13	13/13	13/13	13/13	13/13	13/13	13/13
Array methods	10/10	10/10	10/10	10/10	10/10	10/10	10/10	10/10	10/10	10/10	10/10
String properties and methods	1/2	2/2	2/2	2/2	2/2	2/2	2/2	2/2	2/2	2/2	2/2
Date methods	3/3	3/3	3/3	3/3	3/3	3/3	3/3	2/3	3/3	3/3	2/3
Function.prototype.bind	Yes		Yes	Yes	Yes	Yes	Yes	Yes	Yes	Yes	Yes
JSON	Yes		No	Yes	Yes	Yes	Yes	Yes	Yes	Yes	Yes
Immutable globals	0/3	3/3	3/3	3/3	3/3	3/3	3/3	3/3	3/3	3/3	3/3
Miscellaneous	3/10	0/10	9/10	10/10	10/10	10/10	10/10	9/10	8/10	2/10	8/10
Strict mode	0/19	0/19	19/19	19/19	19/19	18/19	19/19	19/19	18/19	19/19	19/19

图 2-2　各大浏览器对 ES5 的支持情况（部分）

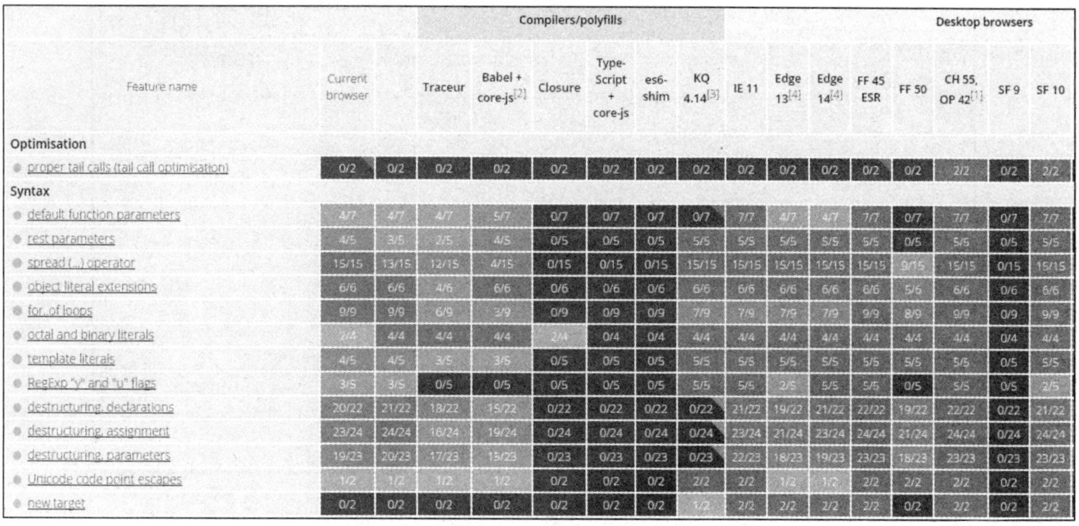

Feature name	Current browser	Compilers/polyfills						IE 11	Edge 13[4]	Edge 14[4]	FF 45 ESR	FF 50	Desktop browsers		
		Traceur	Babel + core-js[2]	Closure	Type-Script + core-js	es6-shim	KQ 4.14[3]						CH 55, OP 42[1]	SF 9	SF 10
Optimisation															
proper tail calls (tail call optimisation)	0/2	0/2	0/2	0/2	0/2	0/2	0/2	0/2	0/2	0/2	0/2	0/2	2/2	0/2	2/2
Syntax															
default function parameters	4/7	4/7	4/7	0/7	0/7	0/7	0/7	7/7	4/7	4/7	0/7	7/7	0/7	7/7	7/7
rest parameters	4/5	3/5	3/5	4/5	0/5	0/5	0/5	5/5	5/5	5/5	0/5	5/5	5/5	5/5
spread (...) operator	15/15	13/15	12/15	4/15	0/15	0/15	0/15	15/15	15/15	15/15	15/15	9/15	15/15	0/15	15/15
object literal extensions	6/6	6/6	4/6	6/6	0/6	0/6	0/6	6/6	6/6	6/6	6/6	6/6	6/6	0/6	6/6
for..of loops	9/9	9/9	3/9	3/9	0/9	0/9	0/9	7/9	9/9	9/9	9/9	8/9	9/9	0/9	9/9
octal and binary literals	4/4	4/4	4/4	4/4	2/4	0/4	0/4	4/4	4/4	4/4	4/4	4/4	4/4	4/4	4/4
template literals	4/5	4/5	3/5	3/5	0/5	0/5	0/5	0/5	5/5	5/5	5/5	5/5	5/6	0/5	5/5
RegExp "y" and "u" flags	3/5	0/5	0/5	0/5	0/5	0/5	5/5	2/5	5/5	5/5	0/5	5/5	0/5	2/5
destructuring, declarations	20/22	21/22	18/22	19/22	0/22	0/22	0/22	15/22	15/22	22/22	19/22	21/22	24/22	0/22	24/22
destructuring, assignment	23/24	24/24	18/24	19/24	0/24	0/24	0/24	23/24	21/24	23/24	24/24	24/24	24/24	0/24	24/24
destructuring, parameters	19/23	20/23	17/23	15/23	0/23	0/23	0/23	22/23	18/23	19/23	23/23	18/23	23/23	0/23	23/23
Unicode code point escapes	1/2	1/2	1/2	1/2	0/2	0/2	0/2	2/2	2/2	2/2	2/2	2/2	2/2	0/2	2/2
new.target	0/2	0/2	0/2	0/2	0/2	0/2	0/2	2/2	2/2	2/2	0/2	2/2	0/2	2/2

图 2-3　各大浏览器对 ES6 的支持情况（部分）

注释：CH 为谷歌 Chrome 浏览器，IE 为 IE 浏览器，Edge 为新版 IE 浏览器，FF 为 Firefox 浏览器，SF 为 Safari 浏览器，OP 为 Opera 浏览器。以上数据为 2016 年 12 月数据，源自 http://kangax. github.io/compat-table/es6/网站统计。

在图 2-2 和图 2-3 的部分数据信息显示中，可以看到主流浏览器均已支持 ES6 标准中的新特性，包括 IE 浏览器及新版 IE 浏览器、Firefox 浏览器、Opera 浏览器、Safari 浏览器（截至 2016 年 12 月份暂不支持 Windows 系统）等。

开发者可以根据自己的喜好来选择使用哪种浏览器，但需要注意，选用的浏览器的版本一定要兼容 ES5 标准，否则在本书的实例中可能出现部分功能无法实现的问题。

在主流浏览器市场中，Chrome 浏览器在 2016 年 4 月的市场份额达到 41.3%，超越 IE 浏览器成为全球第一，也说明了 Chrome 浏览器性能良好；其次为 IE 浏览器、Firefox 浏览器、Edge 浏览器、Safari 浏览器等。以上浏览器均具备调试 JavaScript 代码功能，使用方式也大同小异，这里笔者将 Chrome 浏览器和 Firefox 浏览器的使用与调试方法列举如下。

1. Chrome 浏览器的使用和调试

首先，创建一个扩展名为 ".js" 的文件，如 "error.js"，使用系统自带的记事本打开，写入一行代码，如下：

```
alert( variable );
```

其次，使用 Chrome 浏览器打开该文件，或将该文件拖入 Chrome 浏览器中，然后按下 "F12" 键或者选择 "菜单>更多工具>开发者工具" 命令打开调试窗口，其最终效果如图 2-4 所示。

细说 JavaScript 语言

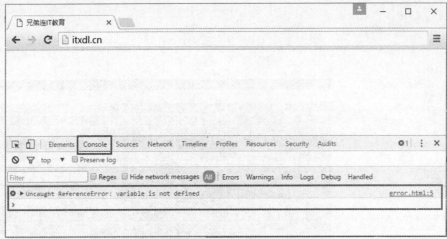

图 2-4　Chrome 浏览器的调试窗口信息展示

调试窗口首行为导航菜单选项，其中第一个方框中的 Console 选项为 JavaScript 控制台，显示的是 JavaScript 的相关信息；第二个方框中显示的是错误的信息、文件名和错误行号。Chrome 浏览器在解析 JavaScript 代码时出现的问题均会在此进行展示，开发者可根据控制台的错误信息去解决 JavaScript 代码中存在的问题。

Console 控制台不仅可以用于查看错误，还能够输入 JavaScript 的代码，并在当前页面生效，如图 2-5 所示。

图 2-5　在 Chrome 控制台中输入 JavaScript 代码

在控制台中笔者输入 JavaScript 代码 "alert("细说 JavaScript")"，其实现的效果就是弹出警告窗，并将输入的内容进行了输出。可以看到，对于 JavaScript 开发者而言，这种调试工具是非常友好的。

2. Firefox 浏览器的使用和调试

Firefox 浏览器与 Chrome 浏览器的调试同理，将上一步创建的文件使用 Firefox 浏览器打开，然后按下"F12"键或选择"菜单>开发者>切换工具箱"命令，就能够打开调试窗口，如图 2-6 所示。

图 2-6　Firefox 浏览器的调试窗口

与 Chrome 浏览器的调试窗口类似，不过 Firefox 浏览器调试窗口的导航选项翻译成了中文，其显示的报错信息有错误信息、文件名、行号及一个"详细了解"超链接等。当点击"详细了解"超链接时，会跳转到该错误解释页面。

同时，在 Firefox 浏览器的控制台中，开发者也可以输入相关的 JavaScript 代码，浏览器会自动进行解析，如图 2-7 所示。

图 2-7　在 Firefox 控制台中输入 JavaScript 代码

2.1.2　开发工具

当真正开发 JavaScript 时，我们就需要将 JavaScript 代码写在能够持久保存的文件之中，让浏览器去解析文件。一般地，我们会将 JavaScript 与 HTML 写在一起，HTML 文件的扩展名为 ".html" 或 ".htm"，带有上述扩展名的文件是能够被浏览器直接解析的；或者建立单独的 JavaScript 文件，其扩展名是 ".js"，详细的使用方式将在下一小节进行介绍。

也就是说，有一个浏览器和一个记事本就可以进行 JavaScript 开发了。但一般有经验的开发者会选择一些比较友好的编辑器进行开发，这是什么原因呢？

这是因为自带的记事本没有语法高亮、错误提示、代码补全等功能，这样在开发中很可能因为疏忽大意而导致语法的错误、Bug 的出现，显然这不是我们想看到的。而一款专业的代码编辑器能够在开发者进行开发时，即时地提示语法错误信息、进行语法高亮显示等。

那么，读者在开发 JavaScript 时，就需要使用一款专业的代码编辑器来辅助开发和学习。

在第 1 章中，笔者也介绍了很多市场上用于前端开发的编辑器，有 Notepad++、Atom、WebStorm、Vim、Emacs 等。Notepad++、Atom、Vim、Emacs 是开源免费的编辑器，其中，Notepad++使用简单、功能强大，曾多次获得最佳开发工具奖，是一款学习和使用的利器；Atom 是 GitHub（代码托管平台，很多开源项目均将代码托管于此）推出的一款编辑器；Vim 和 Emacs 分别被称为 "编辑器之神" 和 "神的编辑器"，不适合初学者，需要学习相关命令才能使用，门槛较高。

笔者给初学者推荐的是 Notepad++，它不仅有语法高亮显示功能，也有语法折叠功能，初学者可以关闭代码补全功能，这样更有利于熟悉 JavaScript 的语法规则。图 2-8 是使用 Notepad++编辑 JavaScript 文件的效果图。

```
D:\ajax.js - Notepad++                                        – □ X
文件(F) 编辑(E) 搜索(S) 视图(V) 格式(M) 语言(L) 设置(T) 宏(O) 运行(R) 插件(P) 窗口(W) ?    X
ajax.js
1  // 在加载完成页面后加载再请求此数据信息
2  $(function(){
3      //
       将加密文件藏在众多js文件中，这里为了试验方便写在这里，原理已明白，那我用
       最简单的方式实现。
4
5      $.ajax({
6          url:"/protect_secret/returnJson.php",
7          data:"hash="+hash,// ajax请求时携带的加密字段
8          type:"POST",
9          success:function(data){// 这一步是遍历数据不重要
10             var list = JSON.parse(data);
11             var str = "";
12             for(let i=0;i<list.length;i++){
13                 str += "<h4><a href=''>"+i+"."+list[i].title+"</a></h4>";
14             }
15             $("#container").html(str);
16         },
17         error:function(){
18             alert("Ajax连接错误!");
19         }
20     });
21 });
22
JavaScrip length : 668  lines : 22    Ln : 1  Col : 1  Sel : 0 | 0        Dos\Windows    UTF-8      INS
```

图 2-8　Notepad++编辑 JavaScript 文件的效果图

　　需要注意一点，当在浏览器中出现乱码的情况时，可能是因为浏览器解析代码格式与编码格式不一致。开发者经常使用和推荐使用的编码格式是 UTF-8，这在编写 HTML 代码时经常会用到。编辑器的编码格式如何修改呢？

　　以 Notepad++为例，Notepad++默认的编码格式为 ANSI 码，那么开发者就需要找到菜单中的"格式"选项，然后选择"转为 UTF-8 无 BOM 编码格式"，如图 2-9 所示。

图 2-9　Notepad++转码方式

　　在调整完代码的格式之后，还需要确定浏览器的编码格式。以 Chrome 浏览器为例，需要进入"菜单>更多工具>编码"，然后选择与编辑器格式一致的编码格式即可，如 UTF-8 格式，如图 2-10 所示。

图 2-10　Chrome 浏览器调整编码格式

　　只有当运行环境的编码格式与代码的编码格式保持一致时，才不会产生乱码，这一点对于初学者而言是需要牢记的。

　　说明：本书使用的代码编辑器为 Notepad++。

2.1.3 *扩展

如果读者阅读关于 JavaScript 的书籍，那么应该读到过 Firebug 工具。Firebug 是 Firefox 浏览器的一个插件，是一套 JavaScript 的开发工具。但随着现代浏览器的发展及 JavaScript 的崛起，几乎每种浏览器都内置了相关的开发工具，Firebug 这种插件类型的调试工具也就逐渐退出了市场，不过目前仍有一些开发者在使用它。

日前，Firebug 团队在官网中发出了声明，对 Firebug 的插件不再进行更新和维护，推荐开发者使用 Firefox 浏览器内置的开发工具 Firefox DevTools，同时 Firebug 下一个版本（代号为 Firebug.next）将构建在 Firefox DevTools 之中，也就是说 Firebug 将合并到内置开发工具中，如图 2-11 所示。

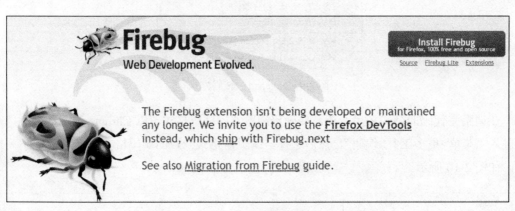

图 2-11　Firebug 停止更新和维护的声明

Firebug 的调试工具与当前内置工具基本一致，以下为 Firebug 的安装及使用示例，读者可以当作了解来阅读。

打开 Firefox 浏览器，点击菜单栏中的"附加组件"，然后搜索 firebug（一个七星瓢虫的小图标），点击安装插件。因为 Firefox 浏览器组件源在国外，因为某些原因可能会导致连接不稳定，下载失败，可以多尝试几次。安装完成后，会在菜单中显示一个七星瓢虫的小图标（未启用时是灰色的，启用后变成彩色的），点击"启用"即可，其效果如图 2-12 和图 2-13 所示。

图 2-12　Firebug 安装界面

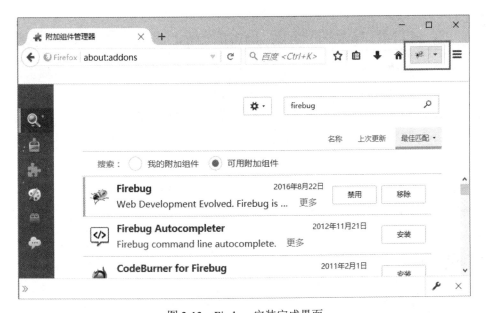

图 2-13　Firebug 安装完成界面

此时，使用 Firefox 浏览器打开错误的 JavaScript 代码文件，按"F12"键或者点击七星瓢虫图标打开调试窗口，如图 2-14 所示。

细说 JavaScript 语言

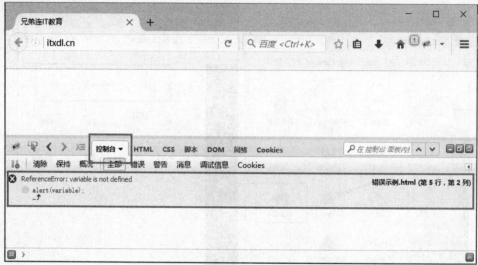

图 2-14　Firefox 浏览器的调试窗口

可以看出，与 Chrome 浏览器类似，在控制台中显示了详细的出错信息，并且能够显示错误的具体内容、行号、列号、文件名等信息，调试也很方便。

2.2　在 HTML 中如何使用 JavaScript

读者如果有相关的前端知识，则对于 HTML 与 CSS 的混编方式应该不太陌生。在 HTML 中使用 CSS 有三种方式：其一为将 CSS 代码编写在<style>标签之中；其二为将 CSS 代码写到标签的 style 属性之中；其三为将 CSS 代码单独写一个文件，使用<link>标签引入外部 CSS 文件。

其实使用 JavaScript 也有类似的三种方法，笔者将其命名为行内式、嵌入式、引入式。本节就来介绍一下这三种方式。

2.2.1　行内式

行内式，也常被称为内联式，一言以蔽之，就是在一行内书写 JavaScript 代码。

在 HTML 中，有这样一些标签的属性是为 JavaScript 准备的，如 onclick、onmousemove、onfocus、onblur 等。从英文字面含义能够读出一些信息，以上列举的属性翻译成中文依次是在点击时、在移动时、在获取焦点时、在失去焦点时。而网页与用户的交互是通过鼠标来进行的，那么这些属性对应着鼠标的动作。

从 JavaScript 的角度来看，鼠标动作均被称为事件，比如 onclick 为鼠标点击事件。当用户点击鼠标时，会触发相应的事件。

当用户触发事件时，JavaScript 就会做出一定的处理动作，这些动作是由 JavaScript 代码编写的。与 HTML 标签属性的结合形式如图 2-15 所示，而 JavaScript 的处理动作就是由标签属性等号后的 JavaScript 代码处理的。

```html
1  <!DOCTYPE html>
2  <html>
3  <head>
4      <meta charset="UTF-8">
5      <title>兄弟连IT教育</title>
6      <style>
7          section {height:100px;width:100px;background-color:#369;}
8      </style>
9  </head>
10 <body>
11     <button onclick="alert('点击事件')">点我有惊喜</button><br>
12     <input type="text" onblur="alert('失去焦点')"><br>
13     <section onmousemove="alert('鼠标移入事件')"></section><br>
14 </body>
15 </html>
```

图 2-15　行内式代码

标签属性的值是被当作 JavaScript 代码解析的，所以可以直接书写 JavaScript 代码。如图 2-15 所示，笔者分别给 button 按钮绑定了点击事件、给 form 表单输入框绑定了失去焦点事件、给一个区域绑定了鼠标移入事件，并为每个绑定的事件设置事件处理代码，也就是 alert 弹窗。

图 2-16 是当鼠标点击 button 按钮时触发的效果；图 2-17 是当鼠标移入指定区域时触发的效果；图 2-18 是当输入框失去焦点时触发的效果。

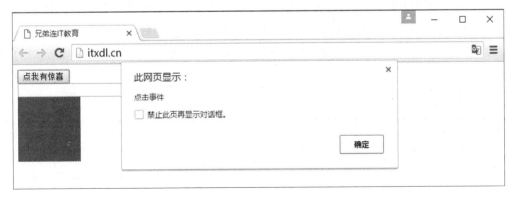

图 2-16　点击事件

39

细说 JavaScript 语言

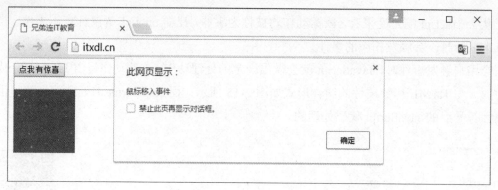

图 2-17　鼠标移入事件

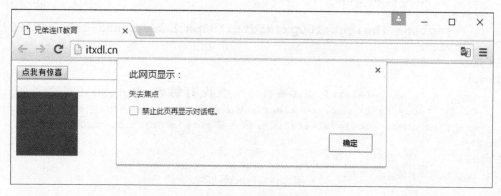

图 2-18　失去焦点事件

　　类似上述这种通过标签属性为标签绑定事件并写入 JavaScript 事件处理代码的形式就被称为行内式。

　　在同系列书籍中也讲到了有关 HTML 标签与 CSS 的相关知识，相信读者也对 HTML 中与 JavaScript 相关的标签属性有了一定的了解。为了便于学习，笔者将其整理成表，如表 2-1～表 2-4 所示。

　　表 2-1 经常用于 HTML 中表单的一些操作。在网页中经常会遇到一些表单的验证，这些验证就是通过这些事件进行处理的。比如，在用户输入用户名之后，即时显示用户是否被注册。即通过 onblur 事件，当用户输入完成后触发失去焦点事件处理程序，即可判断该用户名是否被注册。

表 2-1　用于 form（表单）的事件

事 件 名	功能阐述
onblur	当元素失去焦点时运行的脚本
onchange	当元素值被改变时运行的脚本
onfocus	当元素获取焦点时运行的脚本

40

事 件 名	功能阐述
onselect	在元素中文本被选中后触发
onsubmit	当提交表单时触发

表 2-2 中的事件经常用于网络游戏之中，比如贪吃蛇游戏，会用到上下左右按键。那么，只需给网页添加键盘监听事件，当用户按相应的按键时，就会触发事件处理程序，完成游戏的逻辑。

表 2-2　用于 keyboard（键盘）的事件

事 件 名	功能阐述
onkeydown	当用户按下按键时触发
onkeypress	当用户敲击按键时触发
onkeyup	当用户释放按键时触发

表 2-3 中的事件在网站中尤其常用，可以利用鼠标事件触发很多特效，最简单的莫过于单击弹出对话框，当然还有网页轮播图的鼠标移入、移出的动画效果。比如，当移入轮播图时，停止在当前图片之上；移出时，轮播图继续执行。

表 2-3　用于 mouse（鼠标）的事件

事 件 名	功能阐述
onclick	当元素上发生鼠标点击时触发
ondblclick	当元素上发生鼠标双击时触发
onmousedown	当元素上按下鼠标按键时触发
onmousemove	当在元素上进行鼠标移动时触发
onmouseout	当鼠标指针移出元素时触发
onmouseover	当鼠标指针移动到元素上时触发
onmouseup	当在元素上释放鼠标按键时触发
onmousewheel	当鼠标滚轮被滚动时运行的脚本
onscroll	当元素滚动条被滚动时运行的脚本

Onload 事件经常使用，因为 JavaScript 的操作对象可能是标签，这就需要开发者在 HTML 渲染完毕后再执行，否则可能会出现 Bug。在开发中经常会在最外层的 JavaScript 代码中出

现下面这行代码，对于其含义各位读者应该有所了解。

```
window.onload = function(){

}
```

表 2-4 中的事件经常用于 window 对象。

表 2-4　用于 window 对象的事件

事 件 名	功能阐述
onerror	当错误发生时运行的脚本
onload	页面结束加载之后触发
onunload	一旦页面已下载时触发（或者浏览器窗口已被关闭）
onresize	当浏览器窗口被调整大小时触发

表 2-5 是 HTML5 中提出的触摸事件，只会在手机端触发，这在本书中暂且不会涉及，在同系列书籍中会详细讲解。

表 2-5　手机端触摸屏幕的事件

事 件 名	功能阐述
ontouchstart	当触摸开始的时候触发
ontouchmove	当手指在屏幕上滑动的时候触发
ontouchend	当触摸结束的时候触发

2.2.2　嵌入式

众所周知，HTML 是超文本标记语言，它设置了大量的标签，通过解析标签来输出网页。它同样为 JavaScript 提供了一个标签用以标识这段代码是 JavaScript 代码，告知浏览器被标识的代码使用 JavaScript 引擎进行解析，这个标识就是<script></script>标签。

嵌入式，也常被称为内嵌式，其含义正是使用了该标签，从而将 JavaScript 嵌入 HTML 代码中。需要注意的是，在 HTML5 标准之前，我们在使用这个标签时需要指定 type 属性，这样 JavaScript 代码才能被正常解析；而在 HTML5 之后简化了操作，在使用该标签时无须指定 type 属性。

下例中，笔者使用了 document.write()方法，该方法在 HTML 文档中输出指定内容。其示例代码和效果如图 2-19 和图 2-20 所示。

```
1  <!DOCTYPE html>
2  <html lang="en">
3  <head>
4      <meta charset="UTF-8">
5      <title>兄弟连IT教育</title>
6  </head>
7  <body>
8      <script>
9          document.write("<h1>让学习成为一种习惯</h1>");
10     </script>
11 </body>
12 </html>
```

图 2-19　嵌入式示例代码

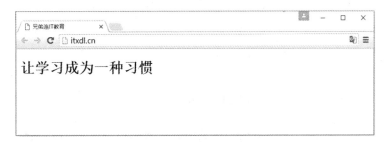

图 2-20　嵌入式示例效果

2.2.3　引入式

　　<script>标签中有一个 src 属性，它指定了引用的 JavaScript 文件的地址。这也意味着，该标签可以引入一个外部文件，该外部文件的代码会被解析。这种方法就被称为引入式，也常被称为引用式。

　　单独的 JavaScript 文件以".js"为扩展名，文件内可直接书写 JavaScript 代码，不需要添加<script>标签。但在 HTML 中需要注意的是，<script>标签通过 src 属性引入了一个 JavaScript 文件后，如果该标签内已经存在其他的 JavaScript 代码，那么该代码会被忽略不执行，而是去执行引入的 JavaScript 文件中的代码。其示例代码和效果如图 2-21～图 2-23 所示。

```
1  <!DOCTYPE html>
2  <html lang="en">
3  <head>
4      <meta charset="UTF-8">
5      <title>兄弟连IT教育</title>
6  </head>
7  <body>
8      <script src="src.js">
```

图 2-21　HTML 部分

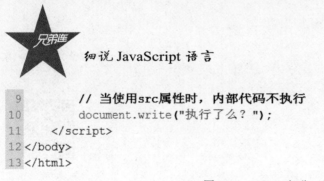

```
 9          // 当使用src属性时，内部代码不执行
10          document.write("执行了么？");
11      </script>
12 </body>
13 </html>
```

图 2-21　HTML 部分（续）

```
1 // 这是一个单独的JavaScript文件
2 document.write("无兄弟、不编程");
```

图 2-22　单独的 JavaScript 文件部分

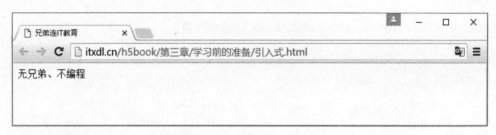

图 2-23　引入式示例效果

从图 2-21 中可以看到，当在<script>标签中通过 src 属性引入 JavaScript 文件的同时，在该标签中追加写入了一段代码。从图 2-23 中可以看到，追加写入的代码没有被解析，这也印证了笔者的结论：当在<script>标签中使用 src 属性时，该标签下的代码不被解析。

在实际开发中，读者也需要注意到这一点，不要在引入了外部 JavaScript 文件之后继续在该标签中书写 JavaScript 代码。

2.2.4　三种方式的特点

在 JavaScript 开发中，开发者推崇的是组件化和模块化，将某一功能封装成一个整体，同时能够将 JavaScript 代码与 HTML 代码独立出来，让代码功能性单一、整洁。那么，以文件方式存储就天然符合这种组件化的思路，所以开发者更推崇的是引入式。但不得不说，前两种方式写法简单、便于使用，在开发和调试阶段能够发挥出色的效果。

这三种方式的用法没有特别规定适用场景，但依据其特性及开发者的一般约定将适用场景总结如下。

1．行内式和嵌入式

行内式和嵌入式一般都会结合使用，二者的优点在于写法简单、方便易用，能够清晰地指明交互的动作及触发的事件。但这两种方式会与 HTML 代码混编，容易造成代码的杂乱，而一旦 JavaScript 代码变得多了起来，就会使代码变得臃肿不堪，并且不利于维护。基于这些特点，这两种方式更适用于代码的开发和维护阶段，用于调试、修缮和扩展。

2. 引入式

引入式的优点在于能够将 HTML 代码与 JavaScript 代码独立出来，使得各司其职、功能性专一；同时，编程界也流行这样一句话，"不要重复造轮子"，这种思想符合现代的组件式开发的思想。引入的一个 JavaScript 文件可能就代表着一个特定的功能，不仅能在当前项目中使用，而且还可以在 以后的项目中使用。所以引入式虽然使用方式稍微复杂一点和调试烦琐一点，但其更适用于 JavaScript 开发。

2.3 基本调试方法

在 JavaScript 中，如果我们想要输出一个数值或者一串文字，则需要使用规定的一些方法，这些方法就可以用来当作我们最基本的调试方法。在前面的小节中，笔者也用到了一部分调试方法，但是在使用之前笔者没有详细讲解，仅仅说明了功能，本节笔者会对最常用的 4 种调试方法进行说明和介绍。

2.3.1 警告窗

警告窗，也可以称为警示窗、弹窗。相信大家在较早前的网页中或者 Windows 操作系统中经常会遇到一些突如其来的警告窗，警告窗的内容会是一些警告信息，但在现代的网页中基本上不会使用警告窗，其原因不言自明——影响了用户体验。不过，在 JavaScript 代码调试阶段，开发者会经常使用警告窗方法，比如笔者在之前的举例中就多次用到了警告窗 alert。

其语法格式很简单，如下：

```
alert(message);
```

其拥有一个参数 message，为警告窗的提示信息。让我们来看一个实例，如图 2-24 和图 2-25 所示。

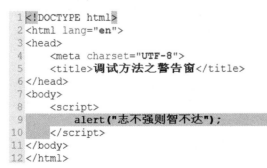

```
1  <!DOCTYPE html>
2  <html lang="en">
3  <head>
4      <meta charset="UTF-8">
5      <title>调试方法之警告窗</title>
6  </head>
7  <body>
8      <script>
9          alert("志不强则智不达");
10      </script>
11 </body>
12 </html>
```

图 2-24 警告窗示例代码

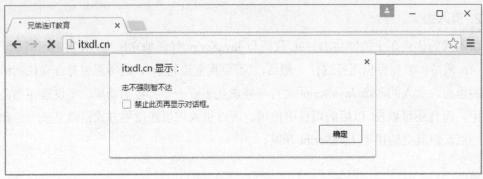

图 2-25　警告窗示例效果

需要注意一点，警告窗方法不会解析 HTML 代码。同时，警告窗在生产环境下（线上项目）很少会用到，因为其内置弹窗格式比较简陋，同时影响用户体验。一个现代的商业项目不会用到自带的弹窗，如果非要在项目中使用弹窗，则一般会自定义警告窗样式，或者使用友好弹窗插件。就目前而言，比较成熟的插件有 sweetalert.js，其具体使用方式不在本书讲解范围之内，读者可以自行查阅资料学习。

2.3.2　修改网页内容

在网页中输出文本内容，之前我们也用到了这个方法 document.write()。该方法在调试中经常用到，但在生产环境下运行的 Web 项目中很少看到。

其语法格式很简单，如下：

```
document.write(message1[,message2,…,messagen]);
```

该调试方法可包含多个参数，参数作为指定的信息会输出到 HTML 文档之中。示例代码和效果如图 2-26 和图 2-27 所示。

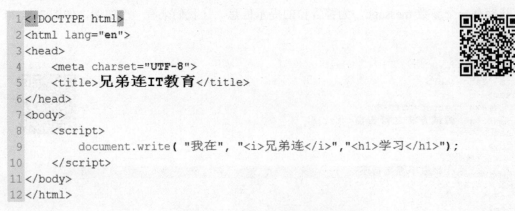

```
1  <!DOCTYPE html>
2  <html lang="en">
3  <head>
4      <meta charset="UTF-8">
5      <title>兄弟连IT教育</title>
6  </head>
7  <body>
8      <script>
9          document.write( "我在", "<i>兄弟连</i>","<h1>学习</h1>");
10     </script>
11 </body>
12 </html>
```

图 2-26　HTML 文档写入示例代码

图 2-27　HTML 文档写入示例效果

在上例中可以写入多个参数，并且此方法可以解析 HTML 代码，这样就可以在原来的代码基础上追加 HTML 代码或者 JavaScript 代码。这种方法在有些情况下可以发挥奇效，但通常开发者都将此方法用于调试。

2.3.3　修改标签内容

在编写 HTML 页面时，我们会通过标签将内容包裹起来，然后由浏览器进行解析输出。在标签之中书写的内容可以被称为标签内容。在 JavaScript 中可以使用一种方法对标签的内容进行重写，这种方法被称为标签内容调试方法。

这种方法在开发之中会经常遇到，比如在直播网站中经常看到的实时在线人数，就可以通过 JavaScript 技术，在后台获取在线人数后，通过改写 HTML 节点来动态更新在线人数。

同时，这种方法也经常被用来调试代码，其语法格式稍微有点复杂，不过并不是很难。

从逻辑上看，当需要修改一个标签的内容时，首先需要做的是找到这个标签（又称节点），然后再对该标签的内容进行重写。

1. 找到指定标签

JavaScript 提供了多种方法来获取标签节点，常用的有通过 id 获取标签节点、通过 className 获取标签节点、通过 tag 标签名获取标签节点。其格式如下：

```
document.getElementById( id );              // 通过 id 获取标签节点
documet.getElementsByClassName( className );  // 通过 className 获取标签节点
document.getElementsByTagName( tag );        // 通过 tag 标签名获取标签节点
```

需要注意的是，通过 id 获取的节点为单一节点，通过类型和标签名获取节点的方法最后返回的是一个节点数组，其排序顺序是自上而下的。

2. 更改标签内容

当找到标签节点时，每个节点都包含一个属性 innerHTML，用来控制标签内容。当需要

细说 JavaScript 语言

对该标签节点进行改写时，只需对其重新赋值即可。示例代码如下：

```
document.getElementById( id ).innerHTML = 010 - 12345678;
```

学习语言最快的方式就是实践，那么笔者将完成一个实例，来具体演示获取标签节点并将其内容修改为指定内容，如图 2-28 和图 2-29 所示。

```
1  <!DOCTYPE html>
2  <html lang="en">
3  <head>
4      <meta charset="UTF-8">
5      <title>兄弟连IT教育</title>
6  </head>
7  <body>
8      <ul>
9          <li id="first">列表第1项</li>
10         <li>列表第2项</li>
11     </ul>
12     <script>
13         // 通过id替换标签节点内容
14         document.getElementById("first").innerHTML = "替换为《无兄弟》";
15         // 通过标签名替换标签节点内容
16         document.getElementsByTagName("li")[1].innerHTML = "替换为《不编程》";
17     </script>
18 </body>
19 </html>
```

图 2-28 通过 id 和标签名获取并替换标签节点

图 2-29 标签内容的替换效果

可以看到，在上例中笔者指定了两个<li>标签：第一个标签设置其 id 值为 first，在代码中也可以看到通过 id 获取标签节点方式对其 innerHTML 属性赋值，就能达到重写标签内容的效果；获取标签名时返回的是一个标签节点数组，该数组从 0 开始排序（编程中都是从 0 位开始的），指定第二个标签节点的 innerHTML 属性值，也就是第二个<li>标签，就能达到相同的效果。

使用 class 类型获取节点与使用 tag 标签类似，具体使用方式笔者不再进行演示，读者可以依据上例中的 document.getElementsByTagName()方法做相关实验。

除以上获取节点的方式外，JavaScript 还支持使用 CSS 选择器的形式获取相关节点，其语法格式如下：

```
document.querySelector( param );
document.querySelectorAll( param );
```

querySelector()方法可以获取选择器的第一个节点；而 querySelectorAll()方法则可以获取所有节点，最终返回的是一个节点数组。这是 W3C 最新标准定义的两个方法，IE 8+、FF 3.5+、Safari 3.1+、Chrome、Opera 10+以上的版本均支持。具体使用示例和结果如图 2-30 和图 2-31所示。

```html
1 <!DOCTYPE html>
2 <html>
3 <head>
4 <meta charset="utf-8">
5 <title>兄弟连IT教育</title>
6 </head>
7 <body>
8
9 <h1 id="xdl">我的id为xdl</h1>
10 <h1 class="xdh">我的class为xdh</h1>
11 <h1 class="xdh">我的class为xdh</h1>
12 <button onclick="myFunction()">点我</button>
13 <script>
14 function myFunction() {
15     // 获取id 为xdl的节点，并将其节点内容替换
16     document.querySelector("#xdl").innerHTML = "兄弟连IT教育";
17
18     // 获取所有class为xdh的节点，并选取第一个将节点内容替换
19     document.querySelectorAll(".xdh")[0].innerHTML = "兄弟会教育";
20 }
21 </script>
22
23 </body>
24 </html>
```

图 2-30　querySelector()和 querySelectorAll()方法示例代码

图 2-31　querySelector()和 querySelectorAll()方法示例效果

这几种节点获取方法是开发者经常使用的，建议读者进行熟记和练习，这将在以后的学习中提供帮助。

2.3.4　控制台

Console（控制台）是近些年逐渐兴起的。控制台相当于 JavaScript 引擎，能够解析 JavaScript 代码，同时当出现 JavaScript 错误时，控制台能够给开发者提供比较详细的数据信息。

Console 的中文含义是控制台，虽然目前它还未被纳入标准之中，但是各大浏览器都对其提供了支持，包括 IE 浏览器。在控制台中使用 console.log()方法可以输出调试日志信息，并且能够详细地输出各种数据。Console 还有诸多方法，如 console.info()方法用于输出相关信息、console.error()方法用于输出错误信息等，它的优势在于能够输出复杂数据类型的详细数据。

语法如下：

```
console.log(param);
```

它有一个参数 param，作为控制台的输出内容。示例代码和效果如图 2-32 和图 2-33 所示。

```html
1  <!DOCTYPE html>
2  <html lang="en">
3  <head>
4      <meta charset="UTF-8">
5      <title>兄弟连IT教育</title>
6  </head>
7  <body>
8      <script>
9          // 输出一个对象（全局对象）
10         console.log(window);
11         // 输出字符串
12         console.log("兄弟连IT教育");
13         // 输出数字
14         console.log(123);
15     </script>
16 </body>
17 </html>
```

图 2-32　控制台示例代码

从图 2-32 所示的代码中可以看到，在控制台中输出了浏览器的 window 对象（浏览器的顶级对象，在后面章节中会详细讲到），window 对象很详细地展示在控制台中，并且不会对网页有任何影响。而当我们通过之前的三种方法输出 window 对象时，则不会显示如此详细的信息，读者可以自行尝试，笔者就不再进行实例展示了。

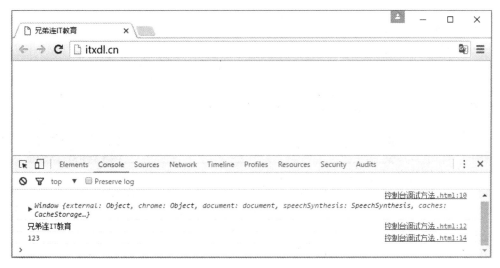

图 2-33 控制台输出效果

这种方法除具有调试功能外，百度公司还开发了另一项功能。让我们打开百度首页，并打开调试模式，来看一下百度是怎么做的，如图 2-34 所示。

图 2-34 百度首页的控制台信息

百度控制台显示的是一则招聘信息，这种招聘方式能够有效命中 IT 人群。不得不说，程序员的奇思妙想产生了诸多有趣、有意义的事情。那就让我们从此刻起，开动大脑、开阔思维，灵活运用所学的 JavaScript 知识吧。

控制台其实不仅仅可以输出相应的代码，而且可以在浏览器中书写 JavaScript 代码，让

细说 JavaScript 语言

当前网页能够实时做出相应的 JavaScript 动作，比如下面的例子，如图 2-35 所示。

图 2-35　在控制台编辑 JavaScript 代码

在图 2-35 中，笔者在控制台中输入了之前讲过的警告窗方法，当回车执行时，JavaScript 代码随即被浏览器解析，并在当前网页中执行相应的 JavaScript 动作，这就给调试提供了更加便利的方法。

既然控制台可以输出代码，那么在之前的去除兄弟连官网的浮动广告、替换图片的测试中的代码就可以放在控制台中执行，也能够达到相同的效果，各位读者可以自行测试。

2.4　书写规范

任何语言在定义基本语法前都会讲述其基本的书写规范，比如大小写、标点符号、语句格式等。这些基本的书写规范往往是一门编程语言最基础的部分，但又是编程者常常忽略的部分。本节笔者将 JavaScript 基本的书写规范和开发者共同约定的规范进行总结，各位初学者在学习初期养成一个良好的编程习惯会在将来的技术之路上受益匪浅。

2.4.1　基本的标点符号

众多编程语言都与日常语言有共同之处，比如在英文中我们使用英文格式下的逗号、句号、分号等标点符号来区分语句的结束。JavaScript 语言与之保持一致，规定了英文格式下的逗号、分号、大括号等符号用来标识语句的结束，如图 2-36 所示。

```
1 <!DOCTYPE html>
2 <html lang="en">
3 <head>
4     <meta charset="UTF-8">
5     <title>兄弟连IT教育</title>
6 </head>
7 <body>
8     <script>
9         // 以逗号分隔整句
10        var number = 123,string = "有志者事竟成";
11        // 以分号来标识语句的结束
12        var message = "Hello World!";
13        // 以小括号、大括号标识区域块
14        if(number == 123){
15            alert("志当存高远");
16        }
17    </script>
18 </body>
19 </html>
```

图 2-36　JavaScript 的标点符号

在上例中，可以清晰地看到，在 JavaScript 中使用逗号作为断句标志，标识一条整句尚未结束；使用分号作为语句的结束标志，标识该语句的终结；使用小括号和大括号来标识一块区域。浏览器的解析步骤是根据断句符号来进行的。理论上断句符号是必须填写的，但 JavaScript 为了提高容错率和编程效率，还存在这样一种机制，即可以省略句末的分号，如图 2-37 所示。

```
1 <!DOCTYPE html>
2 <html lang="en">
3 <head>
4     <meta charset="UTF-8">
5     <title>兄弟连IT教育</title>
6 </head>
7 <body>
8     <script>
9         // 省略了句末分号
10        var message = "无兄弟、不编程"
11    </script>
12 </body>
13 </html>
```

图 2-37　可省略的分号

在上例中，当省略分号后，代码依然可以执行，这是因为浏览器在解析这样的语句时会根据 JavaScript 语法进行合理断句，所以上例代码其实在解析时并未省略分号，而是自动为其添加了分号。

尽管有这种机制，笔者在这里依然建议各位读者能够使用完整的书写格式，因为你可能会遇见这种情况，如图 2-38 和图 2-39 所示。

```
1  <!DOCTYPE html>
2  <html lang="en">
3  <head>
4      <meta charset="UTF-8">
5      <title>兄弟连IT教育</title>
6  </head>
7  <body>
8      <script>
9          x = "XDL"
10         (function(){
11             alert(x)
12         })()
13     </script>
14 </body>
15 </html>
```

图 2-38　省略分号导致的 Bug 代码

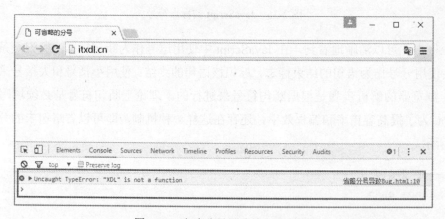

图 2-39　省略分号导致的 Bug 效果

在图 2-38 中的第 10～12 行，笔者使用了一个自执行函数，语法格式可以先不纠结，可以看到在图 2-39 中出现的是语法错误。但如果笔者在代码中的声明语句后添加一个分号，那么这段代码的执行效果如图 2-40 所示。

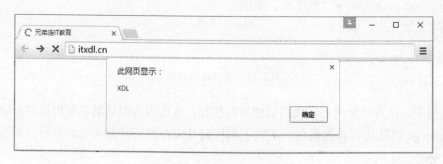

图 2-40　添加分号后的效果

为什么会出现这种情况呢？这是因为浏览器会根据 JavaScript 语法进行合理断句。比如在图 2-40 中，在声明语句后没有主动进行断句，浏览器会向后读取代码，直到不合乎语法时将添加分号进行断句。上例中的代码会被 JavaScript 解析器误解为函数调用，其实际解析步骤应该是如下这样的，最终会导致语法错误。

```
x = "XDL"(function(){alert(x)})();
```

除了上例中的情况，如果下一行的第一个字元（字符）是下面这 5 个字符之一，则 JavaScript 将不对上一行句尾添加分号："("、"["、"/"、"+" 和 "-"。

最后强调，为了便于阅读和避免一些不必要的 Bug 出现，建议读者在每一行结束时添加分号。

提醒：在编程中所有的符号都是英文格式下的符号，当书写其他格式的符号时，会出现解析错误。

2.4.2　严格区分大小写

在大多数编程语言中都是严格区分大小写的，JavaScript 也不例外，它同样保持着这个标准。示例代码和效果如图 2-41 和图 2-42 所示。

```html
1  <!DOCTYPE html>
2  <html lang="en">
3  <head>
4      <meta charset="UTF-8">
5      <title>兄弟连IT教育</title>
6  </head>
7  <body>
8      <script>
9          // 声明变量，首字母大写
10         var Company = "兄弟连IT教育";
11         // 输出变量company
12         alert(company);
13     </script>
14 </body>
15 </html>
```

图 2-41　严格区分大小写示例代码

由上例代码可以看到，笔者声明了一个首字母大写的变量，当使用小写格式去输出该变量时，会显示语法错误。JavaScript 区分大写不仅体现在自定义变量上，还包括如 var、alert、console.log 等系统内置的关键字和函数。

细说 JavaScript 语言

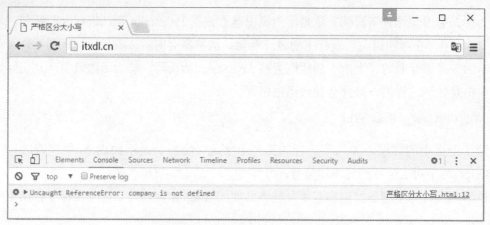

图 2-42　严格区分大小写示例效果

　　开发者根据严格区分大小写的规则，为了提高变量名称的辨识度，增加可读性，便于同行之间的交流沟通，共同约定了一些规则，如驼峰命名法和全局变量命名规则等。

　　驼峰命名法又细分为小驼峰和大驼峰命名法。小驼峰命名法除第一个单词外，其余单词首字母大写，如 "myFirstTest"；而大驼峰命名法是所有单词首字母大写，如 "MyFirstTest"。其中，小驼峰命名法更被开发者认可。

　　一般地，为了区分不同的数据，开发者一般将常量（用来保存不变的数据）和全局变量全部大写，比如网站 "WEBSITE"。

　　提醒：我们在书写 JavaScript 代码的时候常与 HTML 代码进行混编，而 HTML 是一个具有包容性的标记语言，是不区分大小写的。当在 HTML 中使用行内式编写 JavaScript 代码时，其事件属性名称可以使用大写模式，比如 onclick（点击）事件，我们可以将其书写成 ONCLICK。

2.4.3　注释

　　注释，其功能是对代码的解释说明。在 JavaScript 中包含两种注释风格：一种为单行注释；另一种为多行注释。比如，在图 2-43 中就展示了这两种注释风格。

```
1 <!DOCTYPE html>
2 <html lang="en">
3 <head>
4     <meta charset="UTF-8">
5     <title>兄弟连IT教育</title>
6 </head>
7 <body>
```

图 2-43　单行注释和多行注释

56

```
8    <script>
9    /*
10       多行注释
11       多行注释
12    */
13    alert('兄弟连让梦想不仅仅是梦想');
14
15    // 单行注释
16    alert('让你不仅仅是你');
17    </script>
18 </body>
19 </html>
```

图 2-43　单行注释和多行注释（续）

由图 2-43 可以清晰地看到多行注释和单行注释的语法规则。其中，多行注释是由"/**/"构成的，注释内容写在中间位置，这种注释风格适用于注释较多的情况，通常情况下应该放在被注释代码的上方；单行注释由"//"构成，注释内容写在其后，它的位置非常灵活，可以放在被注释代码的上方或右侧。

在开发之中，很多人认为注释并不重要，只要能实现功能就可以了。这里笔者举几个在开发中常见的情形。

情形一：同事离职后，你必须接管他的开发项目，所以你去查看他之前的代码，发现一个注释都没有，这时你必须通读他写的代码，并结合上下文去揣摩他的意思。

情形二：项目需求增加，你需要扩展你的代码，于是打开之前写的代码，发现一个注释都没有，而此时由于该项目已运行一段时日，早已忘记了每个变量、函数的含义，于是你又要揣摩自己的代码。

情形三：你需要写一个功能，突然发现之前同事写过一个类似的功能，于是你获取了他的代码，发现一个注释都没有，于是你开始读他的代码。

这三种情形都需要花费大量的时间去揣摩源码，这就导致了开发效率降低。最可笑的是第二种情形，自己连自己写的代码都忘了，这在项目开发中是非常常见的。所以笔者在此重申注释的重要性，写注释是一件双赢的事，既能帮助他人理解你的代码，又能帮助自己维护代码。强烈建议诸位初学者能够从一开始就养成一个良好的注释习惯。

扩展：如果想要写好注释，那么该注释就应该具有排版优雅、意思明了的特点。这就要求开发者在排版时注意注释文字上下对齐，注释语言能够通俗易懂地表达代码含义。

2.5　标识符

在编程中，任意一门语言中都存在标识符这一概念。所谓标识符，与其字面含义相同，

用来查询指定标识的数据。与生活中相对应，标识符就是姓名、物品名称等。在 JavaScript 中，标识符一般有这样几种表现形式，分别是变量名、函数名、对象名、标签名等。

标识符也有其规定的语法格式，规则如下：

（1）标识符首字符以下画线（_）、美元符（$）或者字母开始，不能是数字。

（2）标识符中其他字符可以是下画线（_）、美元符（$）、字母或数字。

笔者列举几个正确的及错误的标识符，如图 2-44 所示。

```html
1  <!DOCTYPE html>
2  <html lang="en">
3  <head>
4      <meta charset="UTF-8">
5      <title>兄弟连IT教育</title>
6  </head>
7  <body>
8      <script>
9          // 以下为正确标识符
10         $string
11         _message
12         number
13
14         // 以下为错误标识符
15         +message
16         &number
17         1
18     </script>
19 </body>
20 </html>
```

图 2-44　标识符举例

提醒：ECMAScript 标准使用 Unicode 编码作为程序的字符编码标准，也就是说，中文可以被当作标识符，希腊字母（如"π"）也可以被当作标识符使用，但是中文标识符的解析必须在中文内核的操作系统中，存在一定的局限性。为了满足兼容、移植、书写和阅读的需要，不推荐读者使用中文及其他语言作为标识符。

2.6　保留字

保留字，也称为关键字。每种语言中都有该语言本身规定的一些关键字，这些关键字均是该语言的语法实现基础。JavaScript 语言中规定了一些标识符作为现行版本的关键字或者将来版本中可能会用到的关键字，所以，当我们定义标识符时，就不能使用这些关键字了。

笔者将 JavaScript 的保留字总结如表 2-6 和表 2-7 所示。

表 2-6 官方保留字

break	delete	function	return	typeof
case	do	if	switch	var
catch	else	in	this	void
continue	false	instanceof	throw	while
debugger	finally	new	true	with
default	for	null	try	

表 2-7 ES5 保留字

class	const	enum	export	import
super	implements	let	private	public
yield	interface	package	protected	static
arguments	eval			

JavaScript 也预定义了很多全局变量和函数，应当避免把它们的名字用作变量名和函数名，如表 2-8 所示。

表 2-8 JavaScript 预定义的全局变量和函数关键字

Arguments	encodeURI	Infinity	Number	RegExp
Array	encodeURIComponent	isFinite	Object	String
Boolean	Error	isNaN	parseFloat	SyntaxError
Date	eval	JSON	parseInt	TypeError
decodeURI	EvalError	Math	RangeError	undefined
decodeURIComponent	Function	NaN	ReferenceError	URIError

2.7 JavaScript 的优化设计思想

在讲解优化设计之前，笔者需要先讲解两个知识点，分别为浏览器的执行顺序及 JavaScript 代码实际操作的元素。

相信读者在学习 HTML 之初也了解到浏览器解析 HTML 文件是自上而下按顺序进行的。HTML 是由标签组成的，JavaScript 的实际操作物就是这些标签，只不过在 JavaScript 中将这

些标签称为元素、节点（在同系列书籍中会详细讲解）。基于这两点知识，我们就应该知道，当我们使用 JavaScript 代码操作指定节点时，该节点必须在操作之前被解析出来，这样才能被操作。试想一下，JavaScript 在操作标签节点时，该标签节点还没有被解析，那么 JavaScript 就不会有任何操作。

举个简单的例子。如图 2-45 所示，笔者在 id="element"的<h1>标签前对其进行操作，使用 document.getElementById('element')方法获取<h1>元素节点，将标签之间的内容设置为"兄弟连 IT 教育"（方法不用纠结，下一小节会详细讲到）。从图 2-46 中可以看出，浏览器解析会直接抛出异常，显示"无法给一个莫须有的节点元素设置 innerHTML 属性"。

```
1  <!DOCTYPE html>
2  <html lang="en">
3  <head>
4      <meta charset="UTF-8">
5      <title>兄弟连IT教育</title>
6  </head>
7  <body>
8      <script>
9          document.getElementById('element').innerHTML = "其他机构";
10     </script>
11     <h1 id="element">兄弟连IT教育</h1>
12 </body>
13 </html>
```

图 2-45　解析 HTML 之前操作节点示例代码

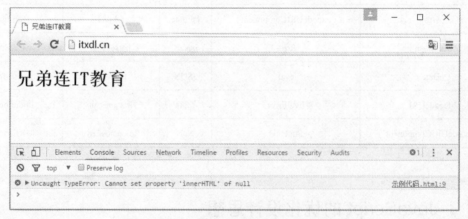

图 2-46　解析 HTML 之前操作节点示例效果

在讲解完上面两个知识点之后，相信各位读者也了解到了 HTML 的解析顺序及 JavaScript 的操作元素。接下来笔者开始讲解 JavaScript 最基础的优化技巧。

在实际项目中，笔者就遇到过很多这样的事情，加载页面刚开始很快，但在扩展、更新、维护后，打开网页就变得很慢了。这种问题可能是由多方面因素造成的。在 Web 前端的因素中，引入的 JavaScript 文件或者其他文件很可能由于防火墙、网络延迟等原因，长时间没有得到响应，从而阻塞了后续 HTML 代码的执行；或者 JavaScript 中的 AJAX（AJAX 可以与后台交互数据，在同系列书籍《细说 AJAX 与 jQuery》中会详细讲到）长时间未得到响应，从而阻塞了后续代码的执行。

　　针对这种问题，笔者推荐的解决方法是将<script>标签放在<body>标签末尾，在浏览器解析完 HTML 之后，再执行 JavaScript 代码。这样浏览器就能即时显示网页信息，不会因为 JavaScript 而导致 HTML 显示信息延迟。

　　提醒：在理论上，<script>标签可以放在 HTML 中的任意位置。按照一般的做法，我们会统一引用资源位置，将引用的依赖库文件放在<head>标签中，如 jQuery 库等；将对 HTML 有针对性操作的 JavaScript 文件放在<body>标签尾部。

　　jQuery 库简单理解就是其中有大量的可调用方法，每个方法就相当于一段可执行代码，我们可以通过约定的方式来使用，它不直接对 HTML 元素节点进行操作。

本章小结

- ➤ JavaScript 最基本的开发环境是浏览器，编写代码的工具可以有多种选择，建议初学者使用 Notepad++。
- ➤ HTML 与 JavaScript 混编有三种方式，分别是行内式、嵌入式和引入式。
- ➤ 有 4 种基本的调试方法，分别是警告窗、修改网页内容、修改标签内容和控制台，其中控制台调试方式最为简便和灵活。
- ➤ JavaScript 语句需要使用分号来结尾。
- ➤ JavaScript 严格区分大小写，因此延伸出了大驼峰和小驼峰书写格式。JavaScript 官方使用的是小驼峰书写格式来定义标识符，让标识符易懂、易识别。
- ➤ 注释的作用是对代码的解释说明，其延伸作用还有测试功能。
- ➤ 标识符和保留字是 JavaScript 语言在创建伊始或不断升级更迭中定义的系统关键字，用来定义语法，开发者不能再使用这些关键字。
- ➤ JavaScript 的优化设计在于优化<script>标签的位置，最好将<script>标签放在所有输出内容之后，以避免 JavaScript 阻塞 HTML 页面的渲染。

本章习题及其答案

本章资源包

本章扩展知识

课后练习题

一、选择题

1. 以下对于 JavaScript 与浏览器的关系的描述，错误的是（　　）。

A. 浏览器通过 JavaScript 引擎来解析 JavaScript 代码

B. JavaScript 最基本的运行环境是浏览器

C. 使用记事本和浏览器就能完成 JavaScript 的开发

D. 必须搭建 JavaScript 的服务器端环境才能完成 JavaScript 的开发

2. 以下对 ECMAScript 与 JavaScript 的描述，错误的是（　　）。

A. ES6 于 2015 年发布，其新特性几乎被所有现代浏览器的最新版兼容，但低版本的浏览器不能兼容 ES6 的新特性

B. ECMAScript 是 JavaScript 的标准，而 JavaScript 是 ECMAScript 的实现

C. 各个浏览器及各个浏览器的版本对 ECMAScript 标准的支持不同，所以在开发时应该考虑不同浏览器间及不同浏览器版本间的兼容性问题

D. 最新版浏览器对 ES6 提供了很好的支持，所以可以将之前的项目全部使用 ES6 标准进行改写

3. 以下哪一个不是 JavaScript 与 HTML 的混编方式？（　　）

A. 行内式　　　　　　　　　　　B. 嵌入式

C. 引入式　　　　　　　　　　　D. 模块式

4. 以下对 JavaScript 与 HTML 混编的描述，不正确的是（　　）。

A. JavaScript 趋向于组件化和模块化，在开发时就可以将实现同一功能的 JavaScript 代码进行封装，保存在一个 JavaScript 文件之中

B. 行内式和嵌入式多见于生产环境中，二者的优点在于写法简单、方便易用

C. 引入式能够将 HTML 代码与 JavaScript 代码独立出来，使得各司其职、功能性专一

D. JavaScript 引入式比行内式与嵌入式更适用于生产环境

5. 以下哪一个不是 JavaScript 基本的调试方法？（　　）

A. alert()　　　　　　　　　　　B. document.write()

C. console.log()　　　　　　　　D. dump()

6. 下面对于 JavaScript 编写规范的描述，不正确的是（　　）。

A. 在 JavaScript 中编写代码时应该使用英文格式下的逗号、分号、大括号等符号

B. 尽管 JavaScript 语句可以省略分号，但开发者也应该规范写作，在语句结尾添加分号

C. JavaScript 不会区分大小写

D. JavaScript 有两种注释风格，其一为单行注释，其二为多行注释

7. 以下对标识符的描述，错误的是（ ）。

A. 所谓标识符，与其字面含义相同，用来查询指定标识的数据

B. 中文不能作为标识符

C. 常见的标识符有变量名、函数名、对象名等

D. 标识符首字符以下画线（_）、美元符（$）或者字母开始，不能是数字

8. 以下哪一项不符合标识符的规则？（ ）

A. $.js   B. _name

C. 1a   D. b2

9. 以下哪一个不是保留字？（ ）

A. null   B. super

C. dom   D. import

10. 以下哪一项是对 JavaScript 优化设计思想的描述？（ ）

A. JavaScript 编程最好使用 ES6 标准

B. 将<script>标签放在 HTML 内容之后

C. JavaScript 代码写在 HTML 头部执行

D. JavaScript 编写尽量使用行内式

二、简答题

请简述 JavaScript 与 HTML 结合的三种方式，以及各种方式的优点和缺陷。

第3章

JavaScript 中的变量

每一门编程语言都有其最基本的工作原理，该原理描述了该编程语言的语法、数据类型、运算符、内置功能等用于解决开发问题的基本概念。万丈高楼平地起，当我们开始学习一门编程语言时，就要从其最基本的工作原理出发，理解该语言的规则。

本章将逐一讲解 JavaScript 中变量的概念及其使用规则。

本章二维码里面包括：

1. 本章的学习视频。
2. 本章所有实例演示结果。
3. 本章习题及其答案。
4. 本章资源包（包括本章所有代码）下载。
5. 本章的扩展知识。

本章二维码

3.1 变量的声明和赋值

编程中的程序究其本质而言，可以简单地概括为处理数据的过程。当输入指令时，就可以输出相应的内容，在输入和输出之间就是处理数据的过程。处理的数据可能有多种、多个，这时就需要使用不同的名字来存储、区分和提取不同的数据，这个名字就是编程中所述的变量。从现实生活中去理解，就可以将变量理解为一个容器，而容器的主要功能是存储和获取。

3.1.1 变量声明

JavaScript 是弱类型语言，与之相对应的是强类型语言，所谓强弱之分就是变量保存数据类型的区分。几乎所有编程语言中都包含几种数据类型，如字符串、数值、数组、对象等，每种数据类型存储对应的数据信息。JavaScript 的数据类型在下一章中会详细讲到，这里只需了解不同数据类型存储数据的格式不同即可。

　　弱类型语言变量可以保存任意数据类型；而强类型语言则必须在声明前指定变量的类型，被规定数据类型的变量只能保存对应的数据格式。常见的强类型语言有 C、C++、Java，它们声明变量的方式是必须同时声明其类型，在存储数据时必须存储对应的数据类型。具体方式如下：

```
float f;      // 声明一个浮点类型的变量
int i;        // 声明一个整数类型的变量
```

　　而在弱类型的 JavaScript 语言中，在声明变量时无须指定任何数据类型。也就是说，每个变量仅仅保存数据值的一个占位符而已，可以被用来保存任意数据类型的值。

　　JavaScript 在声明一个新变量时，需要使用关键字 var（variable），其语法格式如下：

```
var 变量名;
```

　　在未对变量赋值之前，变量会被系统默认赋值为"undefined"（未定义的），本小节先不做介绍，在第 4 章中会进行详细讲解。

　　在之前的章节中，笔者讲到了 JavaScript 标识符中也包含逗号，逗号作为分隔符存在。比如，我们使用逗号一次性声明多个变量，如图 3-1 所示。

```
1  <!DOCTYPE html>
2  <html lang="en">
3  <head>
4      <meta charset="UTF-8">
5      <title>兄弟连IT教育</title>
6  </head>
7  <body>
8      <script>
9          var message,number,site,bookName;
10     </script>
11 </body>
12 </html>
```

图 3-1　使用逗号分隔符声明多个变量

　　可能你还会遇到这种奇怪的现象：当对一个未声明的变量赋值时，竟然成功了，并且能够正常使用，如图 3-2 和图 3-3 所示。这是什么情况？

```
1  <!DOCTYPE html>
2  <html lang="en">
3  <head>
4      <meta charset="UTF-8">
5      <title>兄弟连IT教育</title>
6  </head>
```

图 3-2　不使用 var 声明变量示例代码

```
 7  <body>
 8      <script>
 9          words = '无兄弟、不编程';
10          alert(words);                    // 输出：无兄弟、不编程
11      </script>
12  </body>
13  </html>
```

图 3-2 不使用 var 声明变量示例代码（续）

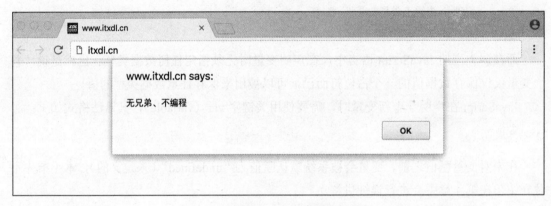

图 3-3 不使用 var 声明变量示例效果

当对未声明的变量赋值时，words 就变成了一个全局变量。这种情况很特殊，虽然在情理上有违常理，但在 JavaScript 中是能够被正常解析的。

但是笔者不推荐这种做法，因为这样生成的全局变量难以维护，很可能造成不必要的错误。在严格模式下，对未定义的变量进行赋值会报错，同时在将来的版本更迭中很可能会取消这种做法。

3.1.2 变量赋值

变量相当于容器，它的主要功能就是存储和读取。那么，如何给声明的变量存储数据信息呢？在 JavaScript 中，使用等号 "=" 运算符为指定变量赋值，其语法格式如下：

```
变量名 = 数据值;
```

当然，除单独赋值外，还有一种比较简便的赋值方法，就是在声明变量的同时为变量赋值，将声明步骤和赋值步骤合并为一行。其语法格式如下：

```
var 变量名 = 数据值;
```

变量赋值这一步骤可以多次使用。当多次对同一变量进行赋值时，相当于对该变量的值进行了重写，因为浏览器是自上而下执行的，最终会保留最后一个赋值的数据信息。具体示例如图 3-4 和图 3-5 所示。

```
1  <!DOCTYPE html>
2  <html>
3  <head>
4      <meta charset="UTF-8">
5      <title>兄弟连IT教育</title>
6  </head>
7  <body>
8      <script>
9          var message;
10         document.write("<h2>", message, "</h2><hr>");
11         message = "学无止境";
12         document.write("<h2>", message, "</h2>");
13     </script>
14 </body>
15 </html>
```

图 3-4　变量赋值示例代码

图 3-5　变量赋值示例效果

在图 3-4 中，笔者首先输出了未赋值的变量，其值为 undefined；然后对变量重新赋值并输出，最终看到其值发生了相应的改变。

3.2　变量提升

变量提升，又称为声明提前。在初学时很可能发生这样的事情：在对变量进行重新赋值时，再次使用关键字 var。比如下面这样的情况：

```
var num = 1;
var num = '兄弟连 IT 教育';
```

这种代码按正常的理解是声明了两个重名的变量，在大多数语言中都会引发程序错误，但在 JavaScript 中是能够正常解析的，其效果与赋值效果相同。

原因是 JavaScript 中有变量提升的机制，就是在一个脚本中所有全局变量的声明都会提升到脚本执行前，而赋值操作会保留在原位置。上述代码的真实解析步骤是：

```
var num;        // 将所有变量声明放在脚本解析前执行
num = 1;
num ='兄弟连 IT 教育';
```

  虽然 JavaScript 具有很强的包容性，能够解析重复声明的变量，但这样做会造成理解上的歧义，所以禁止这样写。对于初学者而言，这是一个经常出现的错误，各位读者需谨记。

  如果你还没有完全理解变量提升这一概念，那么继续看下面的示例，如图 3-6 和图 3-7 所示。

```
1  <!DOCTYPE html>
2  <html>
3  <head>
4      <meta charset="UTF-8">
5      <title>兄弟连IT教育</title>
6  </head>
7  <body>
8      <script>
9          document.write('<h2>', message, '</h2>');
10         var message = '让学习成为一种习惯';
11         document.write('<h2>', message, '</h2>');
12         document.write('<h2>', no, '</h2>');
13     </script>
14 </body>
15 </html>
```

图 3-6　变量提升示例代码

图 3-7　变量提升示例效果

  在图 3-6 中，首先，笔者在第 9 行使用了未声明的变量。如果没有变量提升这一特性，那么在使用未声明的变量时，会执行报错，阻止后续程序执行。而因为变量提升的效果，将声明步骤提前到脚本的头部，所以此时在浏览器中输出了 undefined。其次，笔者在第 10 行为变量赋值之后，在输出 message 变量的同时输出了变量的值，说明赋值操作还保存在原位置。最后，笔者在第 12 行输出了一个未声明的变量 no，此时显示语法错误，这说明变量提升只针对本脚本中声明的变量。

3.3　全局变量和局部变量

全局变量和局部变量对应的两个范围分别是全局作用域和局部作用域。一个 JavaScript 文件或者 HTML 文件就相当于一个全局作用域，在全局作用域下可以包含多个小区域，这些小区域就可以称为局部作用域。在全局作用域下声明的变量就称为全局变量，在局部作用域下声明的变量就称为局部变量。

一般地，我们使用函数来声明局部作用域。关于函数的知识笔者会在后面的章节中详细讲解，这里可以先将其理解为多条可执行语句的集合。

全局变量能够在任意位置使用，而局部变量仅能够在局部区域使用。示例代码和效果如图 3-8 和图 3-9 所示。

```
1  <!DOCTYPE html>
2  <html>
3  <head>
4      <meta charset="UTF-8">
5      <title>兄弟连IT教育</title>
6  </head>
7  <body>
8      <script>
9          var message1 = 'http://itxdl.cn';
10         function say(){
11             var message2 = '《无兄弟、不编程》';
12             document.write('<h2>', message1, '</h2>');
13             document.write('<h2>', message2, '</h2>');
14         }
15         say();
16         document.write('<h2>', message1, '</h2>');
17         document.write('<h2>', message2, '</h2>');
18     </script>
19 </body>
20 </html>
```

图 3-8　全局变量和局部变量示例代码

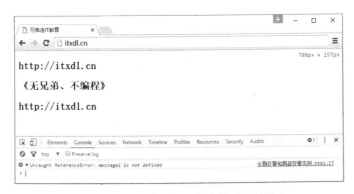

图 3-9　全局变量和局部变量示例效果

在图 3-8 中,笔者首先声明了一个全局变量 message1,然后在函数中声明了一个局部变量 message2,同时在函数内部输出了这两个变量。在第 15 行执行了这个函数内的代码,同时在第 16、17 行输出了全局变量和局部变量。

在图 3-9 中可以看到代码执行后的效果。当执行函数时,局部变量和全局变量均能够输出对应的值。然而在第 16 行输出全局变量是可以的,而在第 17 行输出局部变量则显示语法错误。这就说明局部变量仅能在局部作用域内使用,当在全局作用域内使用该变量时会报错。

出现这种情况的原因是,在函数使用过后,局部变量会自动被销毁。之所以采用这种处理方式,是因为 JavaScript 提供了一种内存管理机制,也称垃圾回收机制。浏览器的内存是有限的,如果局部变量在浏览网页时会永远存在,则最终会导致浏览器反应迟钝,乃至崩溃。

关于垃圾回收机制的知识笔者会在第 7 章中详细讲到,本节不再赘述。

3.4 变量的命名规则

在上一章中,读者了解到变量是标识符的一种,其命名规则与标识符保持一致。其规则可以通过一句话来记忆,即"数字、字母、下画线、美元符,首字不能为数字"。这些变量命名笔者不再单独举例,具体实例可查看 2.5 节。

在声明变量时,根据 JavaScript 区分大小写这一特点,笔者也讲到了众多开发者共同遵循的驼峰命名法的规则。不过除驼峰命名法外,也流行一种下画线命名法。顾名思义,其命名规则即多个单词之间使用下画线进行连接。

驼峰命名法和下画线命名法虽然在形式上不同,但其功能均是方便查询、理解、沟通。它们是开发者较常使用的命名规则。笔者建议选用驼峰命名法,因为 JavaScript 语言本身就遵循这种命名规则,比如 document.getElementById()方法。

两种命名规则的对比示例代码如图 3-10 所示。

```
1 <script>
2     // 驼峰命名法
3     var myName,
4         yourNumber;
5     // 下画线命名法
6     var my_name,
7         your_number;
8 </script>
```

图 3-10 驼峰命名法和下画线命名法对比

扩展：在遵循命名规则以外，JavaScript 的开发者也应共同遵循开发者约定，在命名变量时，让变量名称有意义。例如，在命名变量时，就可以采用如 name（名字）、age（年龄）、classid（班级）、number（数字）一类的名称。

切忌使用单一字母作为变量名称，如 A1、B2、C3 等，因为这样的代码难以在后期进行维护和扩展。

3.5 ES6 新特性之局部变量

ES6 标准中又有一种局部变量的声明方式，其关键字为 let。这种新方法的出现是为了让 var 的功能更具有专一性和单一性，让 var 专一地去声明全局变量。但为了向下兼容，var 依然可以声明局部变量。我们作为 JavaScript 的使用者，可以在意识形态上去培养这种思维。建议读者将浏览器更新为最新版本，否则程序可能会无法执行。

3.5.1　let 关键字的基本使用

let 使用的语法格式与 var 关键字一致。其语法格式如下：

```
let 变量名;
```

let 与 var 的语法格式相同，但是，let 关键字实现了功能的专一性和单一性，让代码更具可读性，它为局部作用域而生，但在全局作用域内依然可以使用。

let 关键字可以在函数内部使用，具体使用示例如图 3-11 所示。

```html
1 <!DOCTYPE html>
2 <html>
3 <head>
4     <meta charset="UTF-8">
5     <title>兄弟连IT教育</title>
6 </head>
7 <body>
8     <script>
9         function say(){
10            let inner = "局部变量";      // 声明一个局部变量
11        }
12    </script>
13 </body>
14 </html>
```

图 3-11　局部变量声明 let 关键字使用

3.5.2 新增的区块作用域

在 ES6 之前，JavaScript 仅包括一个局部作用域，即函数作用域。在 ES6 中增加了一个新特性，即区块作用域。其使用方式为使用大括号为局部作用域定界，在大括号内为一个局部作用域。let 为局部作用域而生，二者的结合能够让代码增强可读性和维护性。具体示例如图 3-12 和图 3-13 所示。

```html
1 <!DOCTYPE html>
2 <html>
3 <head>
4     <meta charset="UTF-8">
5     <title>兄弟连IT教育</title>
6 </head>
7 <body>
8     <script>
9         // 使用大括号定义局部区域
10        {
11            let num = 0;
12        }
13        alert(num);
14    </script>
15 </body>
16 </html>
```

图 3-12 区块作用域示例代码

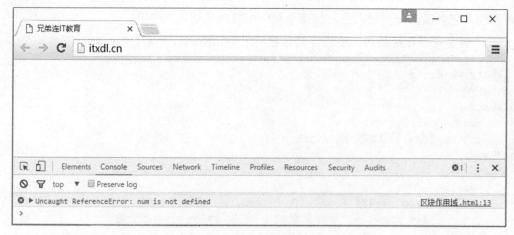

图 3-13 区块作用域示例效果

从示例代码中可以看到，在区块作用域中声明了一个局部变量，该变量在区块作用域之外是无法使用的。但需要注意一点，为了兼容 ES6 之前的 JavaScript 项目，区块作用域不会对 var 生效。那么可以利用它来做什么？比如，当页面加载时，需要在加载页面的同时执行一段 JavaScript 代码，那么就可以将这个区块作用域与 let 相结合，这样区块作用域执行后，其所占用的内存就会自动被清除，可以有效地减少内存的占用。

3.5.3　关键字 let 与 var 的区别

1. 没有变量提升

与 var 声明方式相区别的是关键字 let 没有变量提升的特点。举一个简单的例子来说明，如图 3-14 和图 3-15 所示。

```
 1 <!DOCTYPE html>
 2 <html>
 3 <head>
 4     <meta charset="UTF-8">
 5     <title>兄弟连IT教育</title>
 6 </head>
 7 <body>
 8     <script>
 9         {
10             alert( letter );
11             let letter = "XDL";
12         }
13     </script>
14 </body>
15 </html>
```

图 3-14　let 关键字无变量提升示例代码

图 3-15　let 关键字无变量提升示例效果

2. 不能重复声明

与 var 相区别的还有，使用 var 声明过的变量不能再次使用 let 声明，使用 let 声明过的变量不能再次使用 var 和 let 声明。示例代码和效果如图 3-16 和图 3-17 所示。

```
1  <!DOCTYPE html>
2  <html>
3  <head>
4      <meta charset="UTF-8">
5      <title>兄弟连IT教育</title>
6  </head>
7  <body>
8      <script>
9      {
10         let letter = "XDL";
11         let letter = "XDL";
12     }
13     </script>
14 </body>
15 </html>
```

图 3-16   let 声明变量无法重复声明示例代码

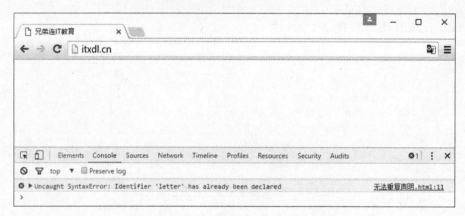

图 3-17   let 声明变量无法重复声明示例效果

上例中使用 let 关键字重复声明后会显示语法错误。其实关键字 var 和下一节要讲到的常量声明关键字 const 均不能进行重复声明。可以将关键字 var 与 let 的区别规则总结如表 3-1 所示。

表 3-1   let 与 var 声明方式的区别

关键字	var	let
作用域	全局或局部作用域	局部作用域
是否可以重复声明	是	否
是否可以重复赋值	是	是
是否有变量提升	是	否

提醒：let 可以用在全局作用域内，但显然与它存在的意义是相悖的。所以尽管可以这样做，但笔者强烈建议不要这样使用。

3.6　ES6 新特性之全局变量

常量与变量相对应，常量是一旦定义就不会改变的数据。在项目开发中我们常见的常量有网站域名、标题及数学中的圆周率等。这些都是一旦定义就不希望改变的数据。在 ES6 之前，我们使用关键字 var 以变量名完全大写的形式定义一个常量。当然这是在形式上进行定义，并不具备语法的限制。

在 ES6 中新增了一个关键字 const，用来声明常量，其特点是语法化的常量，一旦定义，就不能更改。其语法格式与 var 声明方式一致，但与 var 的区别是，const 声明常量时必须进行初始化赋值，否则会报错，显示缺少初始化赋值这一步骤。正确的声明方式如图 3-18 和图 3-19 所示。

```html
1  <!DOCTYPE html>
2  <html>
3  <head>
4      <meta charset="UTF-8">
5      <title>兄弟连IT教育</title>
6  </head>
7  <body>
8      <script>
9          const SITE = "http://itxdl.cn";
10         document.write('<h2>', SITE, '</h2>' );// 输出：http://itxdl.cn
11     </script>
12 </body>
13 </html>
```

图 3-18　const 声明常量示例代码

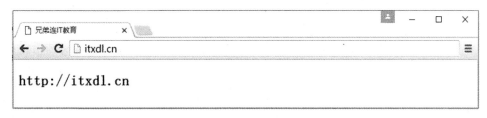

图 3-19　const 声明常量示例效果

在这个示例中，笔者使用 const 声明了一个常量，并对其进行了初始化赋值，最终效果如同变量一般。但需要注意的是，常量不能被重新赋值，一旦定义，则无法更改。假如把上例中的赋值步骤去除，仅留下全局变量声明语句，那么会出现如图 3-20 所示的错误。

细说 JavaScript 语言

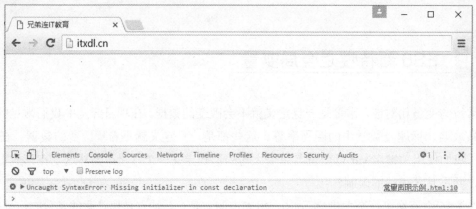

图 3-20   const 声明常量错误示例效果

可以看到，关键字 const 是将常量的语法规范化，一般的开发者在声明常量时为了方便使用，会在脚本的顶部并且在全局作用域下进行声明，一旦声明，便不能改变，全局可用。const 也可以在局部作用域中声明，可以称为局部常量，局部常量不能在局部作用域外使用。

在常量声明和使用上还需要注意几点，比如，常量没有变量提升的效果、不能被重新赋值、不能重复声明等。其注意事项总结如表 3-2 所示。

表 3-2   常量声明注意事项

关键字	const
作用域	全局或局部作用域
是否可以重复声明	同一作用域下不能
是否可以重复赋值	否
是否有变量提升	否

常量的这些特点让常量能够在语法上起到作用，而不是靠人为的形式去设定一个常量。这样，尽管可能会产生误操作，原有的常量值也不会进行更改，而在这之前这种错误是无法避免的。

3.7   ES6 新特性之解构赋值

在 ES6 以前，变量只能被单独赋值，批量赋值的方式无法实现。而在 ES6 中，允许按照一定模式从数组和对象中提取值来对变量进行赋值，这被称为解构（Destructuring）。

数组和对象是 JavaScript 的数据类型，这两种数据类型均能在单个变量中存储多个数据值，其形式如下：

76

```
[1, 2, 3];      // 包含三个元素的数组
```

因为未讲到数据类型，所以在这里我们只需要了解数组由多个数据值组成，使用中括号进行定界，每个元素以逗号进行分隔即可，具体知识请看第 4 章。

假如现在需要为三个变量分别赋值为 1、2、3。在 ES6 之前通常都会这样写：

```
var x = 1;
var d = 2;
var l = 3;
```

在 ES6 之后，可以将上面的代码进行改写，如下：

```
var [x, d, l] = [1, 2, 3];
```

上述代码表示，可以从数组中提取值，按照对应位置对变量赋值。其在浏览器底层实现的依然是三个声明赋值，只不过在写法上更简化了。

本质上，这种写法属于"模式匹配"，只要等号两边的模式相同，左边的变量就会被赋予对应的值。对象数据类型的解构赋值与其类似，这在后面的章节中再进行演示。

除 var 关键字外，let、const 关键字同样适用于解构赋值。下面通过实例来了解一下解构赋值的特点，如图 3-21 和图 3-22 所示。

```
 8 <script>
 9     // 使用区块作用域
10     {
11         const [xdl, xdh, xxx] = ["兄弟连", "兄弟会"];
12         console.log(xdl, xdh, xxx);
13         let [js , html, css] = ['ES6', 'HTML5', 'CSS3'];
14         console.log(js, html, css);
15
16     }
17 </script>
```

图 3-21   解构赋值示例代码

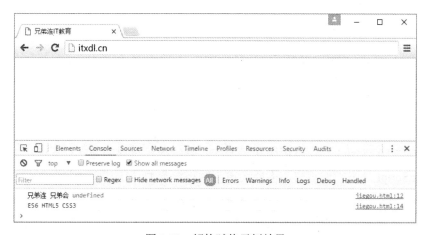

图 3-22   解构赋值示例效果

细说 JavaScript 语言

在上例代码的第 11 行，当两边模式不匹配时，则会将多出的变量赋值为 undefined。上例代码的解析步骤是：将"xdl"赋值为"兄弟连"，将"xdh"赋值为"兄弟会"，而当给"xxx"赋值时，没有匹配的元素，则会将其赋值为 undefined。

本章小结

➢ 变量的声明方式：基本的声明方式有 var，在 ES6 新特性中提供了另外两种方式——let 和 const。let 声明的变量不能被重复声明，const 声明的常量不能被重复声明；使用 const 声明的常量必须在声明时进行初始化赋值，并且不能被重新赋值。

➢ 变量提升机制：也称声明提前，在 JavaScript 代码解析之前，所有的声明步骤都会提前到代码的顶部。

➢ 全局变量与局部变量的区分：在全局作用域下无法使用局部变量，而在局部作用域下可以使用全局变量。

➢ ES6 新特性之解构赋值：当赋值两边模式匹配时，进行对应的赋值操作。

本章习题及其答案   本章资源包   本章扩展知识

课后练习题

一、选择题

1. 以下对 JavaScript 变量的描述，错误的是（   ）。

A. 可以简单理解为一个容器

B. 用于存储和读取数据

C. 变量可以随便设置，没有作用域这一概念

D. 变量的命名需要符合标识符命名规则

2. 以下对 JavaScript 的变量声明和赋值的步骤，描述错误的是（   ）。

A. JavaScript 是强类型语言，需要在声明时指定类型

B. JavaScript 是弱类型语言，不需要在声明时指定类型

C. JavaScript 变量声明后，如果没有赋值操作，则默认会被赋值为 undefined

D．ES6 标准中为声明变量提供了几种新的方法

3．JavaScript 有变量提升机制，以下对变量提升机制理解错误的是（　　）。

A．在全局作用域中所有变量的声明步骤都会提前到代码的顶部

B．在函数作用域中所有变量的声明步骤都会提前到函数的顶部

C．声明提前即会将所有变量的初始化赋值步骤提前到代码的顶部

D．声明提前会对 var 声明的变量起作用

4．以下对变量命名规则的描述，哪一项是错误的？（　　）

A．数字、字母、下画线、美元符，首字不能为数字

B．开发者共同遵循的驼峰命名法的规则，即第一个单词小写，其余单词首字母大写

C．JavaScript 语言就遵循驼峰命名法的规则

D．JavaScript 中变量名称命名必须语义化

5．ES6 新特性中用于声明局部变量的关键字是（　　）。

A．var　　　　　　B．let　　　　　　C．const　　　　　　　　D．super

6．区块作用域使用哪一个符号进行定界？（　　）

A．大括号 "{ }"　　　　　　　　　　B．小括号 "( )"

C．中括号 "[ ]"　　　　　　　　　　D．美元符与上标符 "$ ^"

7．以下对 var、const、let 描述正确的是（　　）。

A．let 具有变量提升的效果

B．var 声明后的变量无法被重新声明

C．const 声明常量时，必须进行初始化赋值

D．使用 var 声明的变量没有变量提升效果

8．在书写 JavaScript 代码时，以下哪种变量名符合驼峰命名法的规则？（　　）

A．messageFromMe　　　　　　　B．message_From_Me

C．message_from_me　　　　　　D．MessagefromMe

9．以下哪一个不是声明变量的关键字？（　　）

A．import　　　　　B．let　　　　　C．var　　　　　　D．const

二、简答题

简述 ES6 新特性中 let 与 const 出现的意义。

第4章

JavaScript 的数据类型

每种数据类型的存储结构不同，用来存储不同的数据信息。有的是存储字符串，有的是存储数值，有的是存储一个数据，有的是存储多个数据，这种存储结构的差异需要依托不同的数据类型来实现。

在 JavaScript 中有 6 种不同的数据类型，这 6 种不同的数据类型又细分为 5 种简单数据类型（又称基本数据类型）和 1 种复杂数据类型（又称引用数据类型），其中基本数据类型有字符串类型（string）、数值类型（number）、布尔类型（boolean）、未定义类型（undefined）和空类型（null），复杂数据类型有对象类型（object）。

这几种数据类型的存储结构不同，使用的位置也就不同。本章将详细讲解不同数据类型的存储结构及其使用的位置。

本章二维码

本章二维码里面包括：

1. 本章的学习视频。
2. 本章所有实例演示结果。
3. 本章习题及其答案。
4. 本章资源包（包括本章所有代码）下载。
5. 本章的扩展知识。

4.1 获取数据类型

在上一章中，笔者提到了编程语言分为强类型语言和弱类型语言，强类型语言即当声明一个变量时必须设置数据类型，而弱类型语言则不需要设置数据类型。

JavaScript 是弱类型语言，当声明一个变量时无须显式设置数据类型，这给了开发者方便，同时也造成了一些麻烦，开发者无法通过一个变量名来获取其数据类型。那么，如何去获取一个变量的数据类型呢？

JavaScript 给我们提供了一个运算符 typeof，用来获取数据类型。示例代码和效果如图 4-1 和图 4-2 所示。

```
1  <!DOCTYPE html>
2  <html lang="en">
3  <head>
4      <meta charset="UTF-8">
5      <title>获取数据类型</title>
6  </head>
7  <body>
8      <script>
9          console.log(typeof "兄弟连IT教育");
10         console.log(typeof 180);
11         console.log(typeof true);
12         console.log(typeof undefined);
13         console.log(typeof null);
14         console.log(typeof {age:"18"});
15         console.log(typeof function(){});
16     </script>
17 </body>
18 </html>
```

图 4-1　获取数据类型示例代码

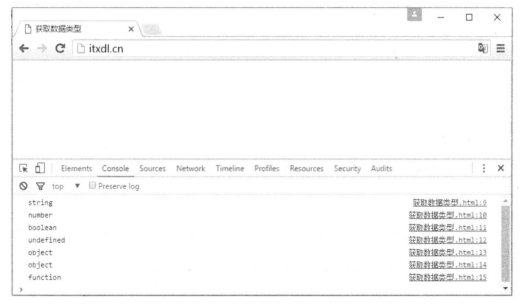

图 4-2　获取数据类型示例效果

上例通过使用 typeof 运算符可以得知数据类型的信息，分别是 string（字符串类型）、number（数值类型）、boolean（布尔值类型）、undefined（未定义类型）、object（对象类型）、function（函数类型）。

相信读者对上述示例会产生一丝迷惑，因为在本章指引中笔者讲到 JavaScript 中只包含 6 种数据类型，分别为 string、number、boolean、undefined、null、object，但在上例中，null 返回的是 object（对象类型），并且多出了一种 function 类型。不过这些迷惑都可以解释。

null 返回的是 object 类型，是因为 JavaScript 在解析时将 null 看作一个空对象的引用。而之所以出现 function 类型，是因为 function 派生自 object，从本质上讲它是 object 类型。还记得在第 1 章中笔者讲到 JavaScript 语言是基于对象的，那么 function 函数可以说是 object 的一个子对象。

那么，如何区分 function 和 object 呢？各位读者，少安毋躁，在 5.2 节笔者会详细讲到，本章需要学习的是数据类型，typeof 运算符是用来辅助学习数据类型的一种方法。

4.2 字符串类型（string）

string 类型是开发者使用最广泛的一种类型。JavaScript 将字符串类型定义为由 0 个或者多个 16 位无符号整数组成的有限序列，每个字符来自 Unicode 字符集。字符串值可以使用英文格式下的单引号（'）或双引号（"）表示。

4.2.1 字面量表示

字面量，又称直接量。在 JavaScript 中，如果想要创建一个指定值的字符串，则直接通过单引号或双引号将指定值括起来即可。这种创建字符串的方式叫作字符串字面量。其格式如下：

```
'兄弟连官方网站';    // 字符串表示使用单引号
"http://itxdl.cn";   // 字符串表示使用双引号
```

以上两种字符串的表示方法效果相同，但需要注意一点，字符串表示的前后符号需要一致，当出现前后不一致的情况时，会导致语法错误。例如，下面这种字符串表示方法就会导致语法错误，如图 4-3 和图 4-4 所示。

```
 1 <!DOCTYPE html>
 2 <html>
 3 <head>
 4     <meta charset="UTF-8">
 5     <title>兄弟连IT教育</title>
 6 </head>
 7 <body>
 8     <script>
 9         var name = "语法错误';
10     </script>
11 </body>
12 </html>
```

图 4-3　字符串错误示例代码

图 4-4　字符串错误示例效果

扩展：计算机中都有一张 ANSII 码表，标明了字母和各种符号所对应的数值。每当计算机处理到字符信息时，通过该表查询数值对应的符号，然后显示在显示器上。比如常见的 a 对应的值为 97，大写 A 对应的值为 65。但 ANSII 码仅能表示英文字符和一些符号，于是能够表示更多字符的 Unicode 字符集就应运而生了。

JavaScript 采用 UTF-16 编码的 Unicode 字符集。JavaScript 字符串是由一组无符号的 16 位值组成的序列，每个字符对应 UTF-16 编码表中的值。

在使用字面量创建字符串时，需要格外注意英文中的缩写和所有的格式写法，如"can't"、"I'm"等，在这种情况下会与用于字符串表示的单、双引号产生冲突。这种问题的解决方案有两种：其一，可以在单引号中嵌套使用双引号，或在双引号中嵌套使用单引号；其二，可以通过反斜线"\"进行转义，将具有特殊含义的字符转换为普通字符。具体实践如图 4-5 所示。

```
1  <!DOCTYPE html>
2  <html>
3  <head>
4      <meta charset="UTF-8">
5      <title>兄弟连IT教育</title>
6  </head>
7  <body>
8      <script>
9          var message = "I said I can't do that!";     // 双引号中嵌套单引号
10         var message = 'I said I can\'t do that';      // 使用"\"反斜线转义
11     </script>
12 </body>
13 </html>
```

图 4-5　字符串单、双引号示例

当然，可能诸位读者还会遇到这样的问题，如想要在字符串中显示换行、显示一条反斜线 "\"、显示缩进等，这些该怎么解决？这就需要用到转义字符。

4.2.2　转义字符

不仅在 JavaScript 中，在其他编程语言中，反斜线被用作转义使用也是很常见的一件事情。在反斜线后添加一个具有特定意义的字符可以将其转换为字面含义的普通字符，同时在 JavaScript 中规定了一部分转义字符具有特定的含义，比如换行、缩进、反斜线等。

表 4-1 列出了 JavaScript 中的转义字符及它们所代表的含义。其中最后两个是通用的，是指通过十六进制数表示的 Lantin-1 或 Unicode 字符。

表 4-1　常用转义字符（部分）

转义字符	含　义
\o	NULL 字符（\u0000）
\b	退格符（\u0008）
\t	制表符（\u0009）
\n	换行符（\u000A）
\v	垂直制表符（\u000B）
\r	回车符（\u000D）
\"	双引号（\u0022）
\'	单引号（\u0027）
\\	反斜线（\u005C）

续表

转义字符	含 义
\xXX	由 2 位十六进制数 XX 指定的 Lantin-1 字符
\uXXXX	由 4 位十六进制数 XXXX 指定的 Unicode 字符

如果在除表 4-1 中的字符前有反斜线，则会自动忽略反斜线，比如 "\a" 就等同于 "a"。示例代码和效果如图 4-6 和图 4-7 所示。

```
1  <!DOCTYPE html>
2  <html lang="en">
3  <head>
4      <meta charset="UTF-8">
5      <title>转义字符示例</title>
6  </head>
7  <body>
8      <script>
9          var str = "兄\t弟\r连\nIT\\教\a育";
10         alert(str);
11     </script>
12 </body>
13 </html>
```

图 4-6 转义字符示例代码

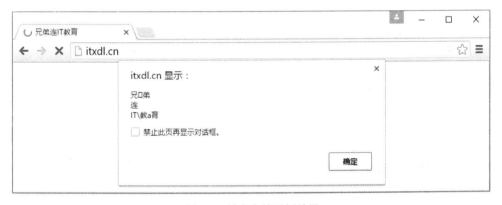

图 4-7 转义字符示例效果

4.2.3 字符串的特点

字符串一旦创建，便无法修改，可以说字符串是只读的。在第 10 章中会讲到有关字符串的一些方法，比如字符串替换、字符串填充等，这些方法的解析步骤其实是删除了原来的字符串，新建了一个字符串。

字符串类型中的每个字符都对应着一个下标，字符串自左向右由数字 0 依次递增，这个下标通常被称为索引。

可以使用索引的方式进行取值，比如第一个字符的索引是 0，第二个字符的索引是 1，其余依次类推。在 JavaScript 中给我们提供了获取指定索引字符的方法，其格式是"变量[索引]"。具体实践如图 4-8 和图 4-9 所示。

```html
1 <!DOCTYPE html>
2 <html>
3 <head>
4     <meta charset="UTF-8">
5     <title>兄弟连IT教育</title>
6 </head>
7 <body>
8     <script>
9         var str = "形成天才的决定因素应该是勤奋";
10        alert(str[0]);
11    </script>
12 </body>
13 </html>
```

图 4-8　根据索引获取字符串值示例代码

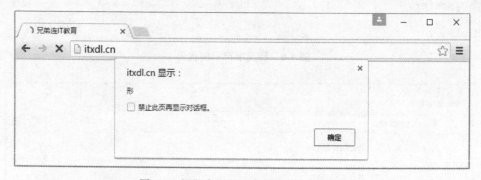

图 4-9　根据索引获取字符串值示例效果

4.2.4　ES6 新特性之模板字符串

在 ES5 中，如果开发者想要在字符串中输出变量、换行或者以原格式输出，则需要用到转义字符、字符串连接等一些比较麻烦的方式。在 ES6 新特性中，模板字符串可以解决类似问题。

模板字符串（Template String）相当于增强版的字符串，用反引号（`）标识。它可以当作普通字符串使用，也可以用来定义多行字符串，或者在字符串中嵌入变量。

假如现在需要输出一段文字，需要用到变量和换行，这时分别使用 ES5 的实现方式与 ES6 的实现方式进行试验，来观察一下二者的区别。具体示例如图 4-10 和图 4-11 所示。

```
8 <script>
9     // 使用区块作用域
10    var xdl = "IT兄弟连";
11    var str = '我在' + xdl + "学习\n你想来么？";
12    console.log( str );
13 </script>
```

图 4-10　ES5 字符串拼接代码

```
8 <script>
9     // 使用ES6的模板字符串
10    var xdl = "IT兄弟连";
11    var str = `我在${xdl}学习
12 你想来么？`;
13    console.log( str );
14 </script>
```

图 4-11　ES6 字符串拼接代码

在图 4-10 中，字符串拼接代码用到了字符串连接符 "+"，同时用到了换行符 "\n"，当涉及多个变量或多个换行时，就会出现问题，字符串连接符和换行符代码量就会增大。

而在图 4-11 中，使用模板字符串则会按照原格式进行输出，并且可以通过 "${变量名}" 的形式去使用变量，以减少代码量。

其实二者的实现效果是一样的，如图 4-12 所示。

图 4-12　字符串拼接效果

細说 JavaScript 语言

4.3 数值类型（number）

JavaScript 遵循 IEEE 754 标准（美国电气和电子工程师协会标准），采用 64 位浮点类型来表示数字。IEEE 754 标准规定了浮点类型的组成及其所能表示的最大值和最小值。

数值类型用于表示数值，其格式有浮点数（小数）、整数及多种不同进制。JavaScript 没有将浮点数和整数分为不同的数据类型，这与其他编程语言有所不同。

4.3.1 字面量表示

在 JavaScript 中，如果需要使用一个数值，则通常将变量直接赋值为数字，那么这个变量存储的数据就是一个数值类型的值。就像普通的变量赋值一样，如下：

```
var number = 18012345678;
```

在计算机语言中，表达一个数值其实并没有那么容易，可能还会涉及进制的问题，通常会有二进制、八进制、十进制、十六进制。在上例中，number 变量的数值为一个整数，默认为十进制数。至于二进制、八进制、十六进制，在下一小节中将详细讲解。

4.3.2 进制转换

在声明一个普通数值时，JavaScript 默认会以十进制格式进行存储。十进制的含义为数字以 0～9 之间的数值表示，当数值超过最大值 9 时，则向上一位进 1。其余进制的算法与此一致，比如二进制以 0 和 1 表示，当数值超过最大值 1 时，则向上一位进 1，如 3 的二进制表示就是 10。

在 JavaScript 中可以通过字面量或者系统提供的方法来表示不同进制的数值。比如八进制和十六进制的数值，其字面量表示形式与普通数值不同，需要使用特殊前缀进行定义。

在下面的示例中，笔者就使用了这几种不同的进制格式，如图 4-13 和图 4-14 所示。

```
1 <!DOCTYPE html>
2 <html>
3 <head>
4    <meta charset="UTF-8">
5    <title>兄弟连IT教育</title>
6 </head>
7 <body>
```

图 4-13　进制转换示例代码

```
8    <script>
9        var num1 = 017;        // 八进制
10       document.write('<h2>', '八进制017 : ', num1, '</h2>');
11
12       var num2 = 17;         // 十进制
13       document.write('<h2>', '十进制17 : ', num2, '</h2>');
14
15       var num3 = 0x17;       // 十六进制
16       document.write('<h2>', '十六进制0x17 : ', num3, '</h2>');
17   </script>
18 </body>
19 </html>
```

图 4-13 进制转换示例代码（续）

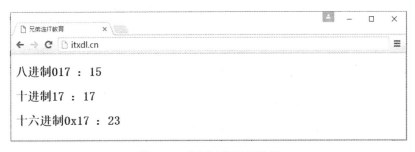

图 4-14 进制转换示例效果

在 JavaScript 数值的字面量表示方法中，可以看到是有特殊格式的，如八进制字面量表示使用前导 0，十六进制则使用 "0x" 格式，其中 x 可为大写或小写。这种进制转换在项目开发中偶尔会遇到，如果不是特别指明，那么这些数值在运算、输出时均会自动转换为十进制格式。

在 ES6 标准中提供了二进制和八进制数值的新的写法，分别用前缀 0b（或 0B）和 0o（或 0O）表示。

提醒： 如果使用字面量表示的八进制数或十六进制数超出了表示的范围，则八进制数或十六进制数会被转换为十进制数。

4.3.3 浮点数

所谓浮点数，在形式上与数学的小数无异。浮点数包含三部分：整数部分、小数点、小数部分。其中整数部分可以省略，但不推荐这种写法。浮点数的字面量表示格式如下：

```
0.01;        // 浮点数 0.01
.01;         // 省略整数部分的浮点数，与 0.01 一致
```

而对于那些极大的浮点数或者整数，可以使用科学计数法表示（用 e 或 E 表示），用 e 或 E 之前的数值乘以 10 的指数次幂。其格式如下：

1.234e-7;　　　// 1.234 乘以 10 的-7 次方 0.0000001234

　　提醒：声明一个浮点数，在内存中占用的空间为整型的两倍，因此在 JavaScript 的机制中会自动将浮点数转换为整数，这种情况发生在浮点数本身就为整数的情况下，如"1.0"、"1."等。

4.3.4　浮点数的算术运算

　　浮点数存在精度差，最高精度为 17 位小数，这是由于使用了 IEEE 754 浮点数二进制表示法（几乎所有的现代编程语言均采用此标准）。所以，在算术运算中使用浮点数进行计算时，可能会导致无法预知的错误。我们来看一个经典案例，如图 4-15 和图 4-16 所示。

```
1  <!DOCTYPE html>
2  <html>
3  <head>
4      <meta charset="UTF-8">
5      <title>兄弟连IT教育</title>
6  </head>
7  <body>
8      <script>
9          if( 0.1 + 0.2 == 0.3 ){
10             console.log("0.1+0.2等于0.3");
11         }else{
12             console.log("0.1+0.2不等于0.3");
13             console.log(0.1+0.2);
14         }
15     </script>
16 </body>
17 </html>
```

图 4-15　浮点数经典案例代码

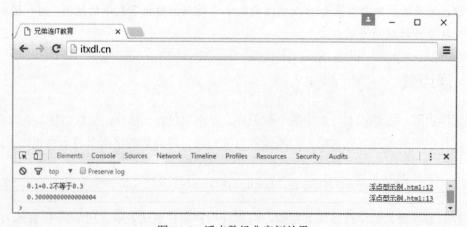

图 4-16　浮点数经典案例效果

在上例中，笔者写出此代码的目的是判断 0.1+0.2 是否等于 0.3，当两边不相等时，控制台会输出相应的数据信息。看结果也能一目了然地发现二者是不相等的，但差异极小，这种结果是由于双精度浮点数的精度差导致的，不可避免。那么作为开发者，我们应该在开发程序时尽可能地避免使用浮点数作为判断条件。

4.3.5　数值范围

由于内存的限制，JavaScript 中的数值类型不能保存世界上所有的数值。数值类型有两个边界值：最大值 MAX_VALUE 和最小值 MIN_VALUE。这两个值可以分别通过 Number.MAX_VALUE 和 Number.MIN_VALUE 方式来获取，最小值和最大值分别为 5e-324 和 1.7976931348623157e+308。

如果在计算中超出了这个范围，就会显示为 Infinity（正无穷）或者-Infinity（负无穷），具体来讲就是这个数的正负决定了它是正无穷还是负无穷。比如，我们在调试窗中直接写入 JavaScript 命令，输出超出范围的数，如图 4-17 所示。

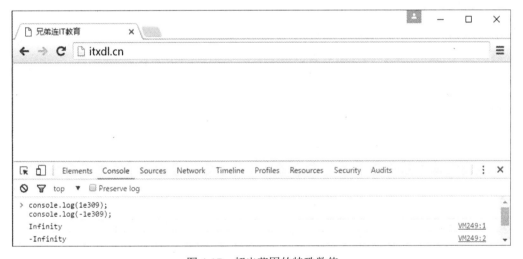

图 4-17　超出范围的特殊数值

如果某次计算返回了正无穷或负无穷，那么它将无法参与下一次计算。尽管这种情况很少遇到，但在极大值或极小值的计算中可能会出现此种情况。如果出现这种情况，那么我们可以使用 isFinite()函数来确定一个数是否在最大值和最小值之间，如果在允许范围内则返回 true，否则返回 false。

4.3.6　NaN

在 JavaScript 的数值类型中还包含这样一个特殊的值 NaN（Not a Number），这个数值用

于表示一个本来要返回数值的操作数但未返回数值的情况。例如，在数学中除数不能为 0，在 JavaScript 中 0 除以 0 会返回 NaN，其余会返回正、负无穷。下面这段代码返回的就是 NaN 值，如图 4-18 所示。

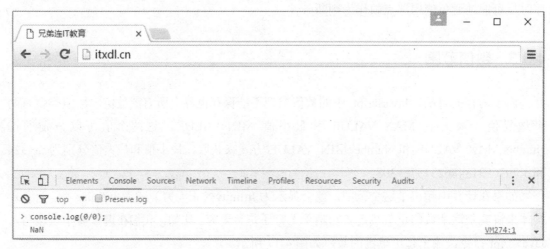

图 4-18　特殊的数值

　　NaN 作为一个特殊的值，它有两个规则：其一，它与任何值都不相等，包括其本身；其二，任何涉及 NaN 的运算均会返回 NaN 值。

　　针对 NaN 这个特殊的值，JavaScript 特意定义了 isNaN()函数。这个函数接收一个参数，其作用是判断这个参数是否是 NaN 值，如果是则返回 true，如果是数值则返回 false。当遇到除数值类型外的其他类型时，会自动转换为数值类型，其转换规则在 4.8 节中会详细讲到。

 布尔类型（boolean）

　　布尔类型是 JavaScript 中使用最多的一种数据类型，该类型只有两个值：true 和 false，分别代表真和假。在下面的示例中，通过对变量赋值为 true 和 false 就能实现创建布尔类型的值。

　　通常情况下，开发者不会自己定义一个布尔值，而是通过一个表达式或者多个表达式返回一个布尔值。这些表达式通常会作为条件出现在流程控制的逻辑判断之中。流程控制语句会在第 6 章中详细讲解，这里只需了解流程控制是对代码执行顺序进行的控制即可。在实际开发中，我们经常会遇到这样的语句，如图 4-19 所示。

```
1  <!DOCTYPE html>
2  <html lang="en">
3  <head>
4      <meta charset="UTF-8">
5      <title>布尔值在流程控制语句中的使用</title>
6  </head>
7  <body>
8      <script>
9          var num = 1;
10         if( num == 1 ){              // num == 1, 此表达式会返回一个布尔值
11             alert( "二者相等" );      // 如果布尔值为true, 则执行此条代码
12         }else{
13             alert( "二者不等" );      // 如果布尔值为false, 则执行此条代码
14         }
15     </script>
16 </body>
17 </html>
```

图 4-19 布尔值在流程控制语句中的使用

上述代码是一个简单的 if 语句，用来控制代码的执行顺序，可以看到表达式会被当作条件用在逻辑判断之中，我们可以通过给 num 赋予不同的值来左右程序的执行，这是布尔值经常用到的地方。

4.5 未定义类型（undefined）

undefined（未定义）是一种特殊的数据类型，该类型中仅有一个值，就是其本身。笔者在 3.1.2 节中提到过这个数据类型，当变量未被初始化赋值时，会默认被赋值为 undefined。

当没有声明变量 num，同时使用运算符 typeof 测试时，它会显示为 undefined。但需要注意的是，直接在语句中使用未声明变量时会报错。这也给读者一些提示，当不确定一个变量是否被声明时，为了防止报错，程序停止运行，可以使用运算符 typeof 进行判断。

4.6 空类型（null）

null 类型与 undefined 类型有共同之处，null 类型也仅有一个值，就是其本身。从逻辑上看，null 表示一个空对象的指针，这也是为什么使用运算符 typeof 检测 null 为 object 类型的原因。示例代码和效果如图 4-20 和图 4-21 所示。

细说 JavaScript 语言

```html
1  <!DOCTYPE html>
2  <html>
3  <head>
4      <meta charset="UTF-8">
5      <title>兄弟连IT教育</title>
6  </head>
7  <body>
8      <script>
9          var nu = null;
10         document.write('<h2>', typeof nu, '</h2>');
11     </script>
12 </body>
13 </html>
```

图 4-20　空类型示例代码

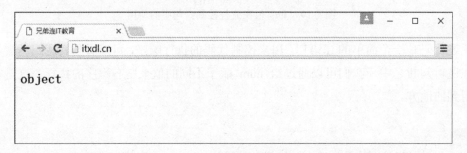

图 4-21　空类型示例效果

在项目开发中，如果定义的变量准备用来保存对象，那么最好将其赋值为 null 而非 undefined。这样一来，从语义上我们就能很清楚地知道该变量是准备用来保存对象的。

实际上，在进行相等性测试时，null 和 undefined 是相等的；但在进行严格相等测试时，二者是不相等的。

虽然在声明变量时可以省略赋值 null 的步骤，但为了便于理解，还是建议读者在开发中将用于保存对象的变量设置为 null，这样既能提示该值为对象，并且能够有效地区分 null 和 undefined。

4.7 对象类型（object）

对象类型又称引用数据类型、复杂数据类型，相对于以上提及的 5 种基本数据类型而言，它显得更为复杂和重要。对象其实就是一组相关联的数据和功能的集合，可以通过字面量的形式创建一个对象，在创建时可以为其赋多个数据值。

对象的字面量表示形式如下：

{属性名:数据值,属性名:数据值,...}

94

可以看到对象的字面量由大括号进行定界，其中数据单元为"属性名:数据值"，每个数据单元相互独立，以逗号","进行分隔。一个对象可以由多个数据单元组成，形成一个数据集合。属性名的命名规则与变量保持一致，数据值为数据类型之一。

当声明完毕之后，使用方式如下：

```
var obj = { name: '兄弟连'};
obj.name;      // 兄弟连
```

由于对象类型的复杂性、重要性和特殊性，笔者会单独使用一章来详细解释对象类型。

4.8　类型转换

在实际开发中，我们经常会遇到不同的数据类型相互转换的问题。从布尔值的使用情景中也可以看到，当 JavaScript 中期望使用一个布尔值时，会将表达式自动转换为一个布尔值。同理，当期望使用一个数据类型时，则会将给定的值自动转换为该数据类型。比如最常见的例子，在网页输入框中获取的数值在进行算术运算之前必须进行转换，因为所有从网页中获取的文本数据都是字符串类型的，所以在运算之前需要转换为数值类型。

4.8.1　字符串类型转换

字符串类型转换分为隐式转换（自动转换）和显式转换（强制转换）。所谓隐式转换就是当程序运行时期望值为一个字符串时，就会将非字符串类型自动转换为字符串类型。那么，何时会出现这种情况呢？比如常见的字符串连接。

字符串连接使用"+"符号，该符号在 JavaScript 中同时扮演着算术运算符和字符串连接符的角色。比如下面这个例子就会进行字符串隐式转换，如图 4-22 和图 4-23 所示。

```html
1  <!DOCTYPE html>
2  <html>
3  <head>
4      <meta charset="UTF-8">
5      <title>兄弟连IT教育</title>
6  </head>
7  <body>
8      <script>
9          var str = "我的年龄: " + 18 + "岁";
10         document.write('<h2>', typeof str, '</h2>');
11     </script>
12 </body>
13 </html>
```

图 4-22　字符串隐式转换示例代码

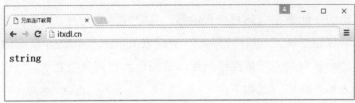

图 4-23　字符串隐式转换示例效果

　　可以看到，在上述代码中，当使用字符串连接符连接字符串时，会自动将数值 18 转换为字符串，然后进行拼接。这种隐式转换是不可控的，会在 JavaScript 的机制中自动进行，这就需要我们对运算符及其他知识有一个全局的把握，这里先不做介绍，在 5.2 节中我们再详细讲解。

　　显式转换也称为强制转换，这种转换是显式的、可控的。JavaScript 给我们提供了几个方法来实现字符串的类型转换，包含全局的 String()函数，以及除 null 和 undefined 外每种数据类型都具有的一个 toString()对象方法，具体的使用方法如图 4-24 和图 4-25 所示。

```html
1  <!DOCTYPE html>
2  <html>
3  <head>
4      <meta charset="UTF-8">
5      <title>兄弟连IT教育</title>
6  </head>
7  <body>
8      <script>
9          var bool = true;                      // 声明一个布尔类型的变量
10         var num = 11;                         // 声明一个数值类型的变量
11         console.log(typeof bool.toString());  // toString方法
12         console.log(typeof num.toString());   // toString方法
13         console.log(typeof String(bool));     // 全局函数String()
14         console.log(typeof String(num));      // 全局函数String()
15     </script>
16 </body>
17 </html>
```

图 4-24　字符串显式转换示例代码

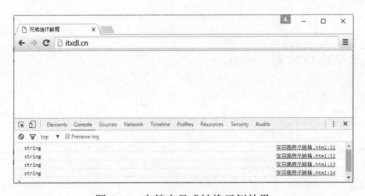

图 4-25　字符串显式转换示例效果

除了 JavaScript 中提供的两种方法，还有一种取巧方式转换字符串，即使用"+"连接符连接一个空字符串，就可以实现将数据值转换为字符串类型，就像隐式转换的示例中那样。

4.8.2　数值类型转换

数值类型转换与字符串相同，同样有隐式转换和显式转换之分。在实际开发中也经常会遇到数值类型转换这种情况。比如，在使用算术运算符时，会发生数值类型的隐式转换，如图 4-26 和图 4-27 所示。

```
1  <!DOCTYPE html>
2  <html>
3  <head>
4      <meta charset="UTF-8">
5      <title>兄弟连IT教育</title>
6  </head>
7  <body>
8      <script>
9          var num1 = 100;          // 数值类型的变量
10         var num2 = '99';         // 字符串类型的变量
11         document.write('<h2>', num1 - num2, '</h2>');
12     </script>
13 </body>
14 </html>
```

图 4-26　数值类型隐式转换示例代码

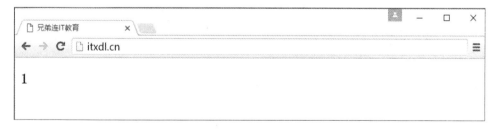

图 4-27　数值类型隐式转换示例效果

在上述代码中，在进行算术运算时，会触发隐式转换，自动将非数值类型的值转换为数值类型。

除了隐式转换，在 JavaScript 中也给我们提供了三个函数，用于将非数值类型转换为数值类型：Number()、parseInt()和 parseFloat()。Number()函数可以将所有类型转换为数值类型，parseInt()和 parseFloat()函数针对字符串转换为数值类型。这三个函数对于同样的输入会返回不同的结果。Number()函数的具体转换规则如表 4-2 所示。

表 4-2　Number()函数的转换规则

参数类型	参数值	转换
boolean	true|false	1|0
number	值	返回相同的值
null	null	0
undefined	undefined	NaN
string	只包含数字	返回对应数值
	包含有效的浮点数	返回对应浮点数
	包含有效的十六进制数	将十六进制数转换为十进制数并返回
	包含有效的八进制数	将八进制数转换为十进制数并返回
	字符串为空	0
	除以上格式外	NaN
object	首先调用 valueOf()方法，如果为 NaN 则调用 toString()方法	一般为 NaN

根据表 4-2 中的规则，笔者在下方列举了相应的示例（见图 4-28 和图 4-29），读者根据示例与表 4-2 中的规则进行比对学习。

```html
1  <!DOCTYPE html>
2  <html>
3  <head>
4      <meta charset="UTF-8">
5      <title>兄弟连IT教育</title>
6  </head>
7  <body>
8      <script>
9          document.write('true转换为： ',Number(true) + "<br><br>");
10         document.write('false转换为： ',Number(false) + "<br><br>");
11         document.write('null转换为： ',Number(null) + "<br><br>");
12         document.write('undefined转换为： ',Number(undefined) + "<br><br>");
13         document.write('123转换为： ',Number("123") + "<br><br>");
14         document.write('abc123转换为： ',Number("abc123") + "<br><br>");
15         document.write('0xa转换为： ',Number("0xa") + "<br><br>");
16         document.write('011转换为： ',Number("011") + "<br><br>");
17         document.write('aaa转换为： ',Number("aaa") + "<br><br>");
18         document.write('[222]转换为： ',Number([222]) + "<br><br>");
19         document.write('[1,2,3]转换为： ',Number([1,2,3]) + "<br><br>");
20         document.write('{a:1}转换为： ',Number({a:1}) + "<br><br>");
21     </script>
22 </body>
23 </html>
```

图 4-28　Number()函数使用示例代码

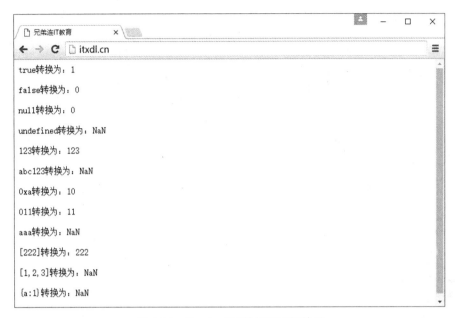

图 4-29　Number()函数使用示例效果

由于 Number()函数在转换字符串时比较复杂而且不够合理，因此，在处理整数的时候更常用的是 parseInt()函数。parseInt()函数在转换字符串时，更多地看其是否符合数值模式。它会忽略字符串前面的空格，直至找到第一个非空字符串。如果第一个字符不是数字字符或者负号，parseInt()函数就会返回 NaN。如果第一个字符是数字字符，则 parseInt()函数会继续解析第二个字符，直到解析完所有后续字符或者遇到了一个非数字字符。

如果一个字符串中的第一个字符是数字字符，则 parseInt()函数能够识别出各种进制的格式。同时，praseInt()函数也支持第二个参数，如果第二个参数为进制数，则会将第一个参数解析为指定进制的数值。示例代码如图 4-30 和图 4-31 所示。

```html
1 <!DOCTYPE html>
2 <html>
3 <head>
4     <meta charset="UTF-8">
5     <title>兄弟连IT教育</title>
6 </head>
7 <body>
8     <script>
9         document.write('true转换为: ',parseInt(true) + "<br><br>");
10        document.write('false转换为: ',parseInt(false) + "<br><br>");
11        document.write('null转换为: ',parseInt(null) + "<br><br>");
12        document.write('undefined转换为: ',parseInt(undefined)+"<br><br>");
13        document.write('123转换为: ',parseInt("123") + "<br><br>");
14        document.write('abc123转换为: ',parseInt("abc123") + "<br><br>");
15        document.write('0xa转换为: ',parseInt("0xa") + "<br><br>");
```

图 4-30　parseInt()函数示例代码

```
16        document.write('011转换为: ',parseInt("011") + "<br><br>");
17        document.write('aaa转换为: ',parseInt("aaa") + "<br><br>");
18        document.write('[222]转换为: ',parseInt([222]) + "<br><br>");
19        document.write('[1,2,3]转换为: ',parseInt([1,2,3]) + "<br><br>");
20        document.write('{a:1}转换为: ',parseInt({a:1}) + "<br><br>");
21        document.write('012转换为: ',parseInt( "012",8 ) + "<br><br>");
22        document.write('0x1a转换为: ',parseInt( "0x1a",16 ) + "<br><br>");

23      </script>
24  </body>
25  </html>
```

图 4-30   parseInt()函数示例代码（续）

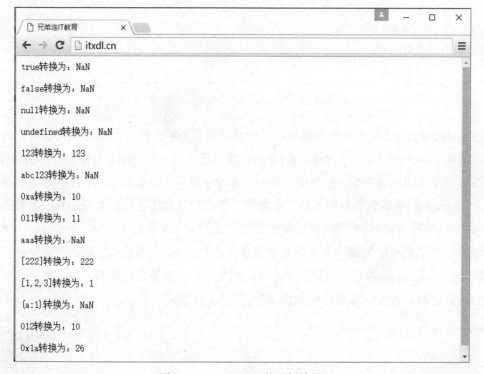

图 4-31   parseInt()函数示例效果

在 parseInt()函数中有一点需要注意，当遇到 "011" 这样的八进制格式时，会当作十进制进行处理，前导 0 会自动被忽略。但当我们需要进行进制的正确转换时，需要在第二个参数中指定进制，比如图 4-30 中的第 21、22 行就指定了转换的进制。

与其类似的还有 parseFloat()函数，此函数与 parseInt()函数唯一的不同点是在判断完第一个字符为整数时，如果遇到第一个小数符则会继续向下寻找数值，直到遇到非数字字符和第二个小数符为止，并返回其前面的数值。具体举例如图 4-32 和图 4-33 所示。

```
1  <!DOCTYPE html>
2  <html>
3  <head>
4      <meta charset="UTF-8">
5      <title>兄弟连IT教育</title>
6  </head>
7  <body>
8      <script>
9          document.write("1.2.3转换为:", parseFloat("1.2.3") + "<br><br>");
10         document.write("00000.1转换为:", parseFloat("00000.1") + "<br><br>");
11         document.write("a.1转换为:", parseFloat("a.1") + "<br><br>");
12     </script>
13 </body>
14 </html>
```

图 4-32　parseFloat()函数示例代码

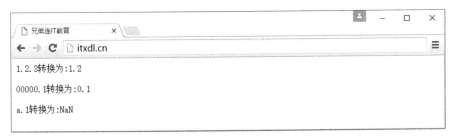

图 4-33　parseFloat()函数示例效果

4.8.3　布尔类型转换

布尔值同样存在两种类型转换方式，隐式转换在之前我们已经或多或少地涉及了，比如逻辑判断中对表达式的处理，这里笔者就不过多赘述了。

这里介绍一下布尔类型转换的一个函数 Boolean()。这个函数是 JavaScript 给我们提供的一种类型转换方法。其转换规则总结如表 4-3 所示。

表 4-3　Boolean()函数的转换规则

数据类型	转换为 true	转换为 false
number	非零数字	0 和 NaN
string	非空字符串	空字符串
boolean	true	false
null	无	永远转换为 false
undefined	无	
object	任何对象（包括空对象）	null

注：这张转换表中的内容需要牢记，因为在实际开发中我们经常会用到。

依据表 4-3 中的规则，笔者进行了相应的测试，测试代码和效果如图 4-34 和图 4-35 所示。

```html
1  <!DOCTYPE html>
2  <html>
3  <head>
4      <meta charset="UTF-8">
5      <title>兄弟连IT教育</title>
6  </head>
7  <body>
8      <script>
9          document.write('字符串转换为：', Boolean("兄弟连"), "<br><br>");
10         document.write('null转换为：', Boolean(null), "<br><br>");
11         document.write('undefined：', Boolean(undefined), "<br><br>");
12         document.write('0转换为：', Boolean(0), "<br><br>");
13         document.write('空字符串转换为：', Boolean(""), "<br><br>");
14     </script>
15 </body>
16 </html>
```

图 4-34　Boolean()函数示例代码

图 4-35　Boolean()函数示例效果

4.9　ES6 之 Symbol 类型

ES6 引入了 Symbol 类型，这是因为在 ES6 之前，对象属性名称都是字符串。比如你使用了一个他人提供的对象，又想为这个对象添加新的方法，新方法的名字就有可能与现有对象的属性名称冲突，可能引发无法预料的问题。如果有一个独一无二的名称就好了，这样就能从根本上防止属性名称的冲突，这就是 ES6 引入 Symbol 类型的原因所在。

4.9.1　Symbol 类型的创建

Symbol 类型是 ES6 标准新推出的一种基本数据类型，它的英文释义为符号、象征，它的主要功能是生成一个独一无二的值。Symbol 类型的值只能通过 Symbol()函数来生成，使用示例如下：

```
Symbol();
```

在使用 Symbol()函数生成一个 Symbol 类型的值的同时，我们还可以传递一个参数用于对该值进行描述，但对于值本身是没有任何影响的。

```
Symbol( '兄弟连' );
```

4.9.2　Symbol 类型的特性

Symbol 类型在使用时有三个特性，这三个特性也决定了它存在的意义。

其一为 Symbol()函数每次使用都会生成一个独一无二的值，因此，尽管变量使用的生成函数相同，但其值是不同的。示例代码和效果如图 4-36 和图 4-37 所示。

```html
1  <!DOCTYPE html>
2  <html>
3  <head>
4      <meta charset="UTF-8">
5      <title>兄弟连IT教育</title>
6  </head>
7  <body>
8      <script>
9          var sym1 = Symbol();        // 声明一个Symbol类型的变量
10         var sym2 = Symbol();        // 声明另一个Symbol类型的变量
11         alert(sym1 === sym2);
12     </script>
13 </body>
14 </html>
```

图 4-36　Symbol 类型唯一性示例代码

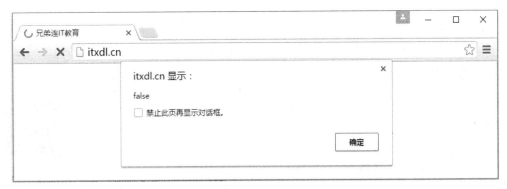

图 4-37　Symbol 类型唯一性示例效果

其二为 Symbol()函数生成的 Symbol 类型的值无法隐式转换成字符串，因此，对于开发

者而言，它是不可见的，不过它可以在控制台被输出，也仅会显示生成时所使用的函数。示例代码和效果如图 4-38 和图 4-39 所示。

```
1  <!DOCTYPE html>
2  <html>
3  <head>
4      <meta charset="UTF-8">
5      <title>兄弟连IT教育</title>
6  </head>
7  <body>
8      <script>
9          var sym = Symbol();              // 声明一个Symbol类型的变量
10         console.log(sym.toString());     // 试图将Symbol隐式转换为字符串
11         alert(sym);
12     </script>
13 </body>
14 </html>
```

图 4-38　Symbol()函数无法隐式转换为字符串示例代码

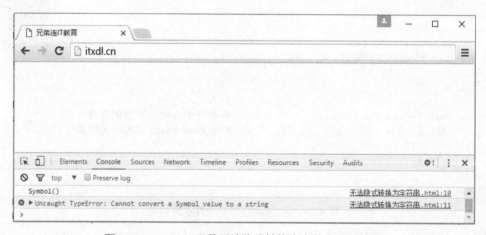

图 4-39　Symbol()函数无法隐式转换为字符串示例效果

其三为 Symbol()函数接收一个参数，但该参数对结果不产生影响，仅作为描述信息。示例代码和效果如图 4-40 和图 4-41 所示。

```
1  <!DOCTYPE html>
2  <html>
3  <head>
4      <meta charset="UTF-8">
5      <title>兄弟连IT教育</title>
6  </head>
7  <body>
8      <script>
```

图 4-40　Symbol()函数的参数不影响结果示例代码

```
9        var sym1 = Symbol('兄弟连');
10       var sym2 = Symbol('兄弟连');
11       alert( sym1 == sym2);
12   </script>
13 </body>
14 </html>
```

图 4-40　Symbol()函数的参数不影响结果示例代码（续）

图 4-41　Symbol()函数的参数不影响结果示例效果

在 ES6 的 Symbol 类型出现之前，ES5 的对象属性名都是字符串，这很容易造成属性名的冲突。比如，你下载了一个插件，想要对该插件进行扩展，那么你需要添加新的属性和方法，而这时新的属性名或方法名会与现有名称产生冲突，这在团队开发、组件式开发中会频繁发生。

Symbol 类型就是为了弥补属性名冲突的缺陷而产生的，它的使用场景大多在属性名称上。

4.9.3　获取已创建的 Symbol 类型

Symbol()函数每次使用都会生成不同的独一无二的值，不过有时我们会用到之前已生成的 Symbol 值。在 ES6 中给我们提供了一个方法 Symbol.for()来实现这种效果，它的语法格式如下：

```
Symbol.for(key);
```

该方法接收一个字符串参数，当使用该方法时，会自动寻找是否有以该字符串为参数的 Symbol 值，如果有，则返回该 Symbol 值；否则，新创建一个 Symbol 值。来看一下是否能够达到我们想要的效果，示例代码和效果如图 4-42 和图 4-43 所示。

细说 JavaScript 语言

```
1  <!DOCTYPE html>
2  <html>
3  <head>
4      <meta charset="UTF-8">
5      <title>兄弟连IT教育</title>
6  </head>
7  <body>
8      <script>
9          var sym1 = Symbol.for('兄弟连');
10         var sym2 = Symbol.for('兄弟连');
11         alert(sym1 === sym2);
12     </script>
13 </body>
14 </html>
```

图 4-42　Symbol.for()方法使用示例代码

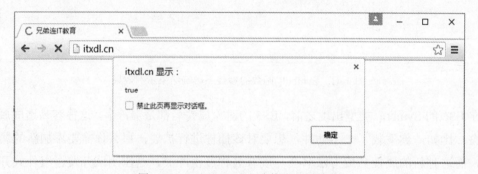

图 4-43　Symbol.for()方法使用示例效果

需要注意一点,只有使用Symbol.for()生成的Symbol值才能被用于此方法,当使用Symbol()函数生成一个Symbol值时,是不具备这个特点的。

Symbol.for()与Symbol()这两种写法都会生成新的Symbol值。它们的区别是,前者会被登记在全局环境中供搜索,而后者不会。Symbol.for()方法不会每次被调用就返回一个新的Symbol类型的值,而是会先检查给定的 key 是否已经存在,如果不存在则会新建一个值。比如,如果调用 Symbol.for("cat")30 次,则每次都会返回同一个 Symbol 值;但是如果调用Symbol("cat")30 次,则会返回 30 个不同的 Symbol 值。

本章小结

➢ 介绍了获取数据类型的操作符 typeof。
➢ JavaScript 有 6 种数据类型,其中字符串类型、数值类型、布尔类型、未定义类型、空类型为基本数据类型或简单数据类型,对象类型为引用数据类型或复杂数据类型。
➢ 数据类型之间的转换有两种形式,分别为隐式转换和显示转换。隐式转换是在进行相关的运算时或在语句中实现的,而显式转换是通过与类型相关的函数实现的。

➤ 在 ES6 中又新建了一种数据类型，但目前未被浏览器完全支持，建议不要用于生产环境，但可以用来学习和实验。

本章习题及其答案

本章资源包

本章扩展知识

课后练习题

一、选择题

1. 获取数据类型的运算符是哪一个？（   ）

A．typeof   B．instanceof   C．get   D．===

2. JavaScript 不包括哪种数据类型？（   ）

A．string   B．integer   C．null   D．undefined

3. 关于 JavaScript 中的数据类型 string，以下对其描述错误的是（   ）。

A．可以直接通过单引号或双引号的形式创建字符串类型

B．可以通过反斜线 "\" 将具有特殊含义的字符转换为普通字符

C．字符串类型中每个字符都对应着一个下标，字符串自左向右由数字 1 依次递增

D．模板字符串（Template String）相当于增强版的字符串，用反引号 "`" 标识

4. 关于 JavaScript 中的数据类型 number，以下对其描述错误的是（   ）。

A．将变量直接赋值为数字，那么这个变量存储的数据就是一个数值类型的值

B．JavaScript 默认会以十进制格式进行存储，十进制的含义即数字以 0～9 之间的数值表示

C．二进制则以 0 和 1 表示，当数值最大值超过 1 时，则向上一位进 1，那么 3 的二进制表示就是 10

D．八进制的字面量表示使用前导 0，十六进制则使用 "0x" 格式，其中 x 仅能为小写

5. 对于 number 类型中的浮点数，以下对其描述错误的是（   ）。

A．所谓浮点数，在形式上与数学上的小数无异，其包含三部分：整数部分、小数点、小数部分

B．浮点数没有简写形式

C．对于那些极大的浮点数或者整数，可以使用科学计数法表示（用 e 或 E 表示）

D．使用浮点数进行计算时，可能会导致无法预知的错误，所以不推荐使用

6. 关于 JavaScript 中的数据类型 boolean，以下对其描述错误的是（   ）。

A. 该类型只有两个值：true 和 false，分别代表真和假

B. 通过对变量赋值为 true 和 false 就能实现创建布尔类型的值

C. 布尔值通常会用在逻辑判断上

D. 布尔值在转换为数值类型时，true 会转换为 1，false 会转换为-1

7. JavaScript 中有 undefined 和 null 类型，以下对其描述错误的是（　　）。

A. undefined（未定义）是一个特殊的数据类型，该类型中仅有一个值，就是其本身

B. 当变量未被初始化赋值时，会默认被赋值为 undefined

C. 使用 typeof 去检查 null 类型会返回 null

D. null 类型仅有一个值，就是其本身

8. JavaScript 中有 object 类型，以下对其描述错误的是（　　）。

A. 对象类型又称引用数据类型、复杂数据类型

B. 对象是一组相关联的数据和功能的集合

C. 对象类型延伸出数组类型，其实二者在形式与功能上是一致的

D. 对象字面量是由大括号进行定界的，其中数据单元为"属性名:数据值"，每个数据单元相互独立

9. 在字符串类型转换中，以下哪一项是正确的？（　　）

A. 字符串类型转换分为隐式转换（自动转换）和显式转换（强制转换）

B. 隐式转换是不可控的，会在 JavaScript 的机制中自动进行隐式转换

C. 使用"+"连接符连接一个空字符串，可以实现将数据值转换为字符串类型

D. 数值类型可以通过 string()方法手动转换为字符串

10. 在数值类型转换中，以下哪一项是正确的？（　　）

A. 数值类型转换与字符串相同，同样有隐式转换和显式转换

B. Number()、parseInt()、parseFloat()可以用于数值类型转换

C. 当使用 Number()转换时，布尔值 true 会转换为 0，而 false 会转换为 1

D. 当使用 parseInt()转换时，"a1.3a1a" 会转换为 1.3

二、简答题

思考进行以下类型转换时可能会出现的结果。

```
var num1 = '1'+1+ 1
var num2 = 1+'1'+ 1
var num3 = 1+1+ '1'
```

第5章

表达式与运算符

JavaScript 中的表达式就类似于日常生活中使用的短语。在日常语言中名词短语具有一定的含义，如桌子、椅子、板凳等，这些名词短语均代表着一个实物。JavaScript 中的表达式与之类似，每个表达式均会返回一个值。变量名就是最简单的一种表达式，它返回的值就是其本身。

除了简单表达式，还有复杂表达式，它是由简单表达式构成的。将简单表达式组合成复杂表达式最常用的方法是使用运算符，比如变量间的加减乘除运算就是复杂表达式。本章将详细讲解 JavaScript 中的表达式及其基本使用，以及 JavaScript 中的运算符及其基本使用。

本章二维码里面包括：
1. 本章的学习视频。
2. 本章所有实例演示结果。
3. 本章习题及其答案。
4. 本章资源包（包括本章所有代码）下载。
5. 本章的扩展知识。

本章二维码

5.1 表达式

表达式分为简单表达式和复杂表达式，但其最后的结果均是返回一个值。在实际开发中，通常会使用表达式来进行判断、取值等。

5.1.1　简单表达式

简单表达式，又称为原始表达式，由原始数据值构成，是表达式中最小的单位。简单表达式与复杂表达式相对应，之所以称之为简单，是因为它不再包含任何其他表达式，而复杂表达式反之。

简单表达式包含常量（又称直接量）和变量。常量与变量相对应，变量相当于未知数，而常量就相当于已知数，在程序运行中，常量不会被更改。它们就像下面这样：

```
110           // 数值常量
1.1001e7      // 数值常量，科学计数法
"兄弟连"       // 字符串常量
```

常量返回的值就是其本身，所以它们又被称为原始值。除字符串与数值外，还包括 boolean 类型的 true 和 false、null 类型的唯一值 null 和正则表达。就像下面这样：

```
true          // 布尔类型常量
false         // 布尔类型常量
null          // 空值常量
/\d{4}/       // 特殊字符常量
```

boolean 类型和 null 类型是在数据类型中定义的，是系统定义的关键字，被当作原始值存在，所以它们也从属于常量。正则表达式以反斜扛 "/" 开头和结尾，由特殊字符组成，具体语法规则不再详述，在第 10 章中会进行详细介绍。

变量也是简单表达式之一。从简单表达式的规则分析来看，变量的使用只需将变量名书写出来即可，它并不包含其他表达式；同时，变量如果没有被赋值，则会被默认赋值为 undefined，也就是说它最终会返回一个值。例如：

```
var number = 1;
var sum;
number;               // 返回 1
sum;                  // 返回 undefined
```

5.1.2　复杂表达式

1. 使用运算符连接的复杂表达式

简单表达式与复杂表达式是相对存在的，复杂表达式可以说是简单表达式的组合，最常见的复杂表达式是由简单表达式和运算符组成的，如图 5-1 所示。

当然，复杂表达式可以由多个简单表达式构成，也可以由多个复杂表达式构成，也就是说它可以变得更复杂，如图 5-2 和图 5-3 所示。

```
1  <!DOCTYPE html>
2  <html>
3  <head>
4      <meta charset="UTF-8">
5      <title>兄弟连IT教育</title>
6  </head>
7  <body>
8      <script>
9          var number = 1;          // 声明一个变量
10         console.log(1 + 1);      // "1+1" 为复杂表达式
11         console.log(1 - 1);      // "1-1" 为复杂表达式
12     </script>
13 </body>
14 </html>
```

图 5-1　由简单表达式和运算符组成的复杂表达式

```
1  <!DOCTYPE html>
2  <html>
3  <head>
4      <meta charset="UTF-8">
5      <title>兄弟连IT教育</title>
6  </head>
7  <body>
8      <script>
9          var number = 1;
10         console.log(1 * 2 == 2 && 1 > 2);
11         console.log(number++ + ++number <= number || (number += 1) > 1);
12     </script>
13 </body>
14 </html>
```

图 5-2　由多个简单表达式或多个复杂表达式组成的复杂表达式示例代码

图 5-3　由多个简单表达式或多个复杂表达式组成的复杂表达式示例效果

复杂表达式能够计算多个表达式,一般地,它会作为流程控制语句中的判断条件出现,在后面的小节中笔者会详细讲到。

2. 直接量表达式

直接量表达式,又可以称为字面量表达式,它最终返回的值就是其本身。直接量表达式又可以细分为函数直接量表达式、数组直接量表达式、对象直接量表达式。这三种直接量表达式会在后面对应的章节中进行详细解释,这里就不再赘述了。

3. 其他表达式

其他表达式包括数组元素访问表达式、对象属性访问表达式、函数调用表达式及对象创建表达式。这些表达式在没讲到函数、数组、对象的情况下理解起来会有少许的困难,在后面对应的章节中会进行详细解释,这里就不再赘述了。

5.2 运算符

运算符又称操作符,其含义相同。在 ES 标准中描述了一组操作数据值的运算符,除常见的算术运算符外,还包含其他丰富的运算符,如赋值运算符、位运算符、关系运算符、逻辑运算符、相等运算符、连接运算符等。这些运算符大多是由符号组成的,也有一部分是由单词组成的,比如之前讲到的查看数据类型的运算符 typeof。

JavaScript 中的运算符与其他编程语言有所区别,它可以适用于不同的数据类型,但这也会涉及类型转换的问题。

5.2.1 算术运算符

在数学中我们常用的四则运算在 JavaScript 中依然保持原意,圆括号可以对其进行优先级的改变。在 JavaScript 中除四则运算外,还包含其他的算术运算符。笔者将算术运算符进行总结,如表 5-1 所示。

表 5-1　算术运算符

运 算 符	含 义	使用格式	本 质
+	加法	a + b	
-	减法	a - b	
*	乘法	a * b	
/	除法	a / b	

续表

运 算 符	含　义	使用格式	本　质
%	取余/取模	a % b	
+	取正	+b	
-	取负	-b	
++	数值加 1 后赋值	a++ 或 ++a	a = a + 1
--	数值减 1 后赋值	a-- 或 --a	a = a - 1

至于数学中的四则运算，笔者不再用过多笔墨进行描述，读者可以自行测试。这里笔者仅将不常见的算术运算符进行逐一描述。

1. 取模

取模又称取余，该运算符在编程中很常见，它与算术运算符中的除法运算符的使用方式一致，在运算符左侧为被除数，右侧为除数，最终返回余数。取模运算符通常被用于查看数值是否可以被整除。

2. 取正、取负

取正、取负符号与数学中的正负符号一致，只需在给定数值前使用"+"、"-"即可。

3. 递增、递减

递增、递减符号又称累加、累减符号，这在开发中尤其常用，但需要注意，其仅能作用于变量，直接作用于数值的话会产生语法错误。在表 5-1 中可以看到，递增"++"和递减"--"符号可以放置在操作数的前面或后面，这种写法又叫作前增量、后增量或前减量、后减量，如果单独使用，则其实际含义没有差别，但在运算时、表达式中、流程控制中或者输出中会产生差异。下面笔者举例说明，如图 5-4 和图 5-5 所示。

```html
1  <!DOCTYPE html>
2  <html>
3  <head>
4      <meta charset="UTF-8">
5      <title>兄弟连IT教育</title>
6  </head>
7  <body>
8      <script>
9          var num = 1;
10         num++;
11         console.log(num);
12         ++num;
```

图 5-4　递增、递减运算符示例代码 1

```
13        console.log(num);
14        num--;
15        console.log(num);
16        --num;
17        console.log(num);
18    </script>
19 </body>
20 </html>
```

图 5-4　递增、递减运算符示例代码 1（续）

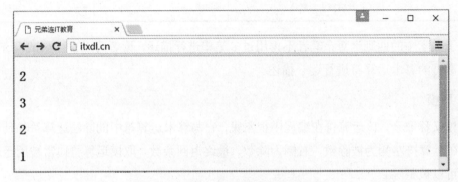

图 5-5　递增、递减运算符示例效果 2

由上述代码可以看到，在单独使用递增或者递减运算符时，前、后增减量是没有区别的。让我们再看看下面的示例，如图 5-6 和图 5-7 所示。

```
1 <!DOCTYPE html>
2 <html>
3 <head>
4     <meta charset="UTF-8">
5     <title>兄弟连IT教育</title>
6 </head>
7 <body>
8     <script>
9         var num = 1;
10        document.write('<h2>', num++, '</h2>');
11        document.write('<h2>', ++num, '</h2>');
12        document.write('<h2>', num--, '</h2>');
13        document.write('<h2>', --num, '</h2>');
14    </script>
15 </body>
16 </html>
```

图 5-6　递增、递减运算符示例代码 2

图 5-7　递增、递减运算符示例效果 2

在上述代码中，笔者使用 document.write()调试方法对算术运算的变量进行输出操作，这时差别就出现了。

在第一次输出内容时，可以看到输出的 1 并没有进行递增操作，浏览器的解析步骤是先使用 num 的值，然后对 num 进行 num = num + 1 操作，这时，实际上 num=2；在第二次输出时，输出的是 3，这是因为浏览器在解析时，先进行 num = num + 1 操作，然后输出 num 的值。这时，累加、累减的前后位置就影响了输出的值。

当在表达式中使用类似于++num 的前增量时，先执行 num = num + 1 步骤；当使用类似于 num++的后增量时，先使用 num 的值，然后再进行 num = num + 1 操作。减量与增量解析步骤一致。

规律总结为：在单独使用增量和减量运算符时，无差异。当在表达式中使用增量和减量运算符时，会出现前增量，先累加，后使用；后增量，先使用，后累加。减量与增量的规则一致。

4．类型转换

在算术运算中，除加法运算符外，非数值类型的值会自动转换为数值类型，然后再进行算术运算。

至于加法运算，笔者也提到过"+"符号在 JavaScript 中有两种功能，分别是算术运算符和字符串连接符，所以我们要小心使用。在 JavaScript 中有一个经典题目，诸位读者可以思考一下。题目如图 5-8 所示，问这三个变量的值分别是什么。

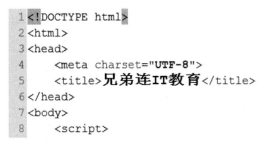

```
1 <!DOCTYPE html>
2 <html>
3 <head>
4     <meta charset="UTF-8">
5     <title>兄弟连IT教育</title>
6 </head>
7 <body>
8     <script>
```

图 5-8　类型转换示例代码

```
9       var num1 = '1' + 1 + 1;
10      var num2 = 1 + '1' + 1;
11      var num3 = 1 + 1 + '1';
12      document.write('<h2>', num1, '</h2>');
13      document.write('<h2>', num2, '</h2>');
14      document.write('<h2>', num3, '</h2>');
15    </script>
16  </body>
17  </html>
```

图 5-8　类型转换示例代码（续）

上述代码是学习加法运算符的一个比较好的案例，首先不公布答案，笔者带领大家来分析一下这个赋值表达式中每个"1"的数据类型。数据类型中只要是用单引号或双引号表示的均为字符串类型，数值类型是使用数字表示的。JavaScript 中的运算符是有优先级之分的，至于优先级，笔者会在 5.2.7 节中进行总结，在这里我们只需要了解同级运算符是自左向右进行运算的。那么，在我们分析完毕之后，相信大家都有了自己的答案。其运行结果是 num1 为字符串类型的 111，num2 为字符串类型的 111，num3 为字符串类型的 21，如图 5-9 所示。

图 5-9　类型转换示例效果

5.2.2　赋值运算符

在学习变量时我们就用到了最简单的赋值运算符"="，它的作用是给变量赋予数值类型的值。除了"="，赋值运算符还有多个，如表 5-2 所示。

表 5-2　赋值运算符

运 算 符	含 义	使用格式	常规表达式
=	赋值	a = b	a = b
+=	相加后赋值	a += b	a = a + b
-=	相减后赋值	a -= b	a = a - b

运 算 符	含　义	使用格式	常规表达式
*=	相乘后赋值	a *= b	a = a * b
/=	相除后赋值	a /= b	a = a / b
%=	取余后赋值	a %= b	a = a % b

　　除了"="，表 5-2 中的其余赋值运算符都是"="与算术运算结合在一起生成的复合运算符，其均是在进行对应的运算后对被操作的变量进行赋值操作，均可以转换为常规表达式，在这里我们就可以将这些复合运算符简单地理解为常规表达式的简写格式。

5.2.3　关系运算符

　　关系运算符又称比较运算符，用来判断运算符左右两个值的关系，或者比较运算符左右两个值的大小。其与所学的数学中的运算符类似，但又多于数学中所学的运算符。具体关系运算符的符号、含义、格式已总结在表 5-3 中。

表 5-3　关系运算符

运 算 符	含　义	使用格式
>	大于	a > b
<	小于	a < b
>=	大于等于	a >= b
<=	小于等于	a <= b
==	等于	a == b
!=	不等于	a != b
===	全等于	a === b
!==	全不等于	a !== b

1. 大于、小于运算符的运算规则

　　由表 5-3 可以看到，有多种关系运算符用于比较运算符左右两个值，当表达式成立时会返回 true，否则会返回 false。关系运算符不仅可以比较数值类型，还可以比较其他数据类型。当使用大于、大于等于、小于、小于等于运算符比较其他数据类型时，运算规则如下：

　　（1）左右两边均为数值，则执行数值比较。

（2）左右两边均为字符串，则执行字符串对应的 ANSII 码值的比较（从左至右进行单个字符的比较，若第一个字符相等，则顺延到下一个字符）。

（3）左右两边有一个操作数为数值，则另一个会转换为数值，再执行数值比较。

（4）左右两边有一个布尔值，则将其转换为数值，再进行比较，true 转换为 1，false 则转换为 0。

（5）左右两边有一个操作数为对象，另一个不是对象，则调用 valueOf()方法，用得到的结果按照前面的规则执行比较。如果对象没有 valueOf()方法，则调用 toString()方法，并用得到的结果按前面的规则执行比较。

看完了上述规则，为了进一步加深理解，笔者来进行一些简单的测试。

在规则（2）中，当关系运算符的操作数均为字符串时，会依次依据 ANSII 码值来进行比较。ANSII 编码表中的每个符号、字母均有一个对应的数值，比如 A 对应的就是 65，B 对应的就是 66，其余大写字母依次类推；小写字母 a 对应的就是 97，b 对应的是 98，其余小写字母依次类推。当了解完这些知识之后，笔者接下来的示例代码你就能够了解了，如图 5-10 和图 5-11 所示。

```
1 <!DOCTYPE html>
2 <html>
3 <head>
4     <meta charset="UTF-8">
5     <title>兄弟连IT教育</title>
6 </head>
7 <body>
8     <script>
9         document.write('<h2>', 'a' > 'A', '</h2>');
10        document.write('<h2>','B' > 'b', '</h2>');
11        document.write('<h2>','ab' > 'ac', '</h2>');
12    </script>
13 </body>
14 </html>
```

图 5-10　大于、小于运算符示例代码

图 5-11　大于、小于运算符示例效果

在上述代码中，第 9、10 行比较好理解，从第 11 行中可以看到，当第一个字符的 ANSII 码相同时，会依次对后方字符的 ANSII 码进行比较，直到能够比较出大小或者没有了字符才会停止比较。

规则（3）、（4）中的数值类型转换已经在 4.8 节中讲到了，这里不再赘述。

规则（5）中对对象的比较在开发中几乎不会出现，除非在写错代码的时候。这个规则用于扩展了解，不再赘述。

2. 等性运算符的运算规则

等性运算符包含等于 "="、不等于 "!="、全等于 "==="、全不等于 "!=="。四者均用作相等判断，但略有区别。

对于等于 "="、不等于 "!=" 而言，当运算符左右两侧的数据不同时，会进行类型转换，比较转换后的值，而不会比较基本数据类型的数据值；而对于全等于 "==="、全不等于 "!=="而言，它们不会在运算时进行类型转换，只比较原始数据。示例代码和效果如图 5-12 和图 5-13 所示。

```html
1 <!DOCTYPE html>
2 <html>
3 <head>
4     <meta charset="UTF-8">
5     <title>兄弟连IT教育</title>
6 </head>
7 <body>
8     <script>
9         document.write('<h2>', 1 == true, '</h2>');
10         document.write('<h2>',0 != false, '</h2>');
11         document.write('<h2>',1 === true, '</h2>');
12         document.write('<h2>',0 !== false, '</h2>');
13     </script>
14 </body>
15 </html>
```

图 5-12　等性运算符示例代码

图 5-13　等性运算符示例效果

扩展：NaN 在做比较大小时，均会返回 false；正无穷 Infinity 在做比较大小时，除其本身外，大于任何数值，负无穷-Infinity 与此同理。

NaN 在做等性比较时，不等于任何数值，包括其本身；正无穷 Infinity 与负无穷-Infinity 在做等性比较时，与正常数值运算保持一致。

5.2.4 逻辑运算符

逻辑运算符是 JavaScript 中的常用运算符之一，它通常被用于流程控制语句中，用来控制程序的执行顺序。逻辑运算符中仅包含三个运算符，分别是逻辑与"&&"、逻辑或"||"、逻辑非"!"，笔者将其总结如表 5-4 所示。

表 5-4 逻辑运算符

运 算 符	含 义	使用格式
&&	与/并且	a && b
||	或/或者	a || b
!	非/取反	!a

由表 5-4 可以清晰地看到逻辑运算符的含义和使用格式，下面依次使用简单的示例来讲解一下。

1. 逻辑与运算符的运算规则

关乎逻辑的操作很少作用于对象之中，但 JavaScript 中的逻辑运算符支持对象的比较，只不过会有特殊的规则限制。其规则如下：

（1）第一个操作数为对象，则返回第二个操作数。

（2）第二个操作数为对象，则只有在第一个操作数的求值结果为 true 时才返回该对象；否则返回 false。

（3）两个操作数均为对象，则返回第二个操作数。

（4）有一个操作数为 null，则返回 null。

（5）有一个操作数为 NaN，则返回 NaN。

（6）有一个操作数为 undefined，则返回 undefined。

除以上情况外，在使用该运算符时，左右两边的操作数均会隐式转换为布尔值（true 和 false），当且仅当左右操作数均可转换为 true 时，返回 true；否则，返回 false。示例代码和效果如图 5-14 和图 5-15 所示。

```
1 <!DOCTYPE html>
2 <html>
3 <head>
4    <meta charset="UTF-8">
5    <title>兄弟连IT教育</title>
6 </head>
7 <body>
8    <script>
9        document.write('<h2>', true && true, '</h2>');
10       document.write('<h2>', false && true, '</h2>');
11       document.write('<h2>', 0 && 2, '</h2>');
12   </script>
13 </body>
14 </html>
```

图 5-14　逻辑与运算符示例代码

图 5-15　逻辑与运算符示例效果

逻辑与有短路现象，即当判断第一个操作数为 false 时，就不会再去判断第二个操作数。这种情况可能会造成一些问题，比如下例中的赋值操作，如图 5-16 和图 5-17 所示。

```
1 <!DOCTYPE html>
2 <html>
3 <head>
4    <meta charset="UTF-8">
5    <title>兄弟连IT教育</title>
6 </head>
7 <body>
8    <script>
9        // 第一个示例
10       var result = 0 && one;
11       document.write('<h2>', result, '</h2>');
12       // 第二个示例
13       result = 1 && 2;
14       document.write('<h2>', result, '</h2>');
15   </script>
16 </body>
17 </html>
```

图 5-16　逻辑与运算符短路现象示例代码

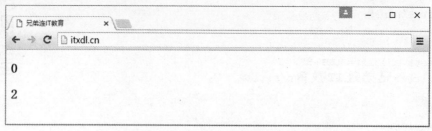

图 5-17　逻辑与运算符短路现象示例效果

　　在上述代码中，one 是一个未被定义的变量，在正常的代码执行中会出现语法错误。而上述代码是没有报错的，反而结果为 0，这是因为 0 的布尔值转换为 false，第二个操作数不执行。

　　而在第二个示例中可以看到最终结果输出为 2，由此可知，在赋值运算中，当第一个操作数为 true 时，会返回第二个操作数。

2. 逻辑或运算符的运算规则

　　（1）如果第一个操作数是对象，则返回第一个操作数。

　　（2）如果第一个操作数的求值结果为 false，则返回第二个操作数。

　　（3）如果两个操作数都为对象，则返回第一个操作数。

　　（4）如果两个操作数都为 null，则返回 null。

　　（5）如果两个操作数都为 undefined，则返回 undefined。

　　（6）如果两个操作数都为 NaN，则返回 NaN。

　　除以上情况外，在该运算符左右的操作数在运算时均会进行隐式类型转换为布尔值，当且仅当左右操作数均可转换为 false 时，返回最后一个操作数，否则返回能够转换为 true 的操作数；如果均可转换为 true，则返回第一个操作数。示例代码和效果如图 5-18 和图 5-19 所示。

```
1  <!DOCTYPE html>
2  <html>
3  <head>
4      <meta charset="UTF-8">
5      <title>兄弟连IT教育</title>
6  </head>
7  <body>
8      <script>
9          document.write('<h2>', false || 0, '</h2>');
10         document.write('<h2>', true || false, '</h2>');
11         document.write('<h2>', 2 || 0, '</h2>');
12     </script>
13 </body>
14 </html>
```

图 5-18　逻辑或运算符示例代码

图 5-19 逻辑或运算符示例效果

逻辑或也有短路现象，与逻辑与类似。示例代码和结果如图 5-20 和图 5-21 所示。

```
1  <!DOCTYPE html>
2  <html>
3  <head>
4      <meta charset="UTF-8">
5      <title>兄弟连IT教育</title>
6  </head>
7  <body>
8      <script>
9          // 第一个示例
10         var result = 0 || 1;
11         document.write('<h2>', result, '</h2>');
12         // 第二个示例
13         result = true || 1;
14         document.write('<h2>', result, '</h2>');
15     </script>
16 </body>
17 </html>
```

图 5-20 逻辑或运算符短路示例代码

图 5-21 逻辑或运算符短路示例效果

3. 逻辑非运算符的运算规则

使用该运算符时，操作数会被转换为布尔值，并且取反，然后返回布尔值。这种用法在开发中非常常见。简单示例如图 5-22 和图 5-23 所示。

123

```
1  <!DOCTYPE html>
2  <html>
3  <head>
4      <meta charset="UTF-8">
5      <title>兄弟连IT教育</title>
6  </head>
7  <body>
8      <script>
9          document.write('<h2>', !true, '</h2>');
10         document.write('<h2>', !false, '</h2>');
11         document.write('<h2>', !null, '</h2>');
12     </script>
13 </body>
14 </html>
```

图 5-22　逻辑非运算符示例代码

图 5-23　逻辑非运算符示例效果

在第 6 章中我们会再次用到逻辑运算符，到时笔者会阐述逻辑运算符的使用场景。

5.2.5　位运算符

位运算符在编程语言中位于最基本的层次，它是按内存中表示数值的位来计算数值的，会涉及计算机底层原理的知识，在理解上有一定的难度，不过在开发中几乎不会用到此运算符。那么，如果之前没了解过位运算，则不太理解是正常的现象，本小节不妨碍其他章节的阅读，学习完后，如果感觉难以明白，则可以略过本小节。

ECMAScript 中的所有数值都以 IEEE 754 64 位格式存储，但位操作符并不直接操作 64 位的值，而是将 64 位的值转换成 32 位的整数，然后执行操作，最后再将结果转换回 64 位。对于开发者来说，只需要明白 32 位数值的计算机理即可。

32 位数值是以二进制表示的。其中，前 31 位表示整数的值，第 32 位用于表示数值的符号，0 代表正数，1 代表负数，该位置也被称为符号位。可以先看一个二进制数。

```
0000 0000 0000 0000 0000 0000 0000 0011        // 3
0000 0000 0000 0000 0000 0000 0000 0100        // 4
```

可以看出，3、4 的有效位仅为 11 和 100，其余拿 0 补充。其中，从最右位开始，依次为 2 的 0 次幂、2 的 1 次幂，依次递增，直到符号位停止。具体实践请看图 5-24。

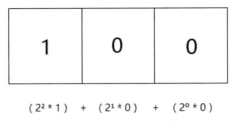

$(2^2*1) + (2^1*0) + (2^0*0)$

图 5-24　二进制转换为十进制

在图 5-24 中，计算值为 4，说明此 32 位数值的十进制表示为数值 4。反推也很好理解，那我们看图 5-25，十进制数 4，除以 2 的余数的倒序排列即为 100，其余位补 0 即可得到 32 位数值表示。

图 5-25　十进制转换为二进制

既然我们了解了二进制、十进制之间的转换关系，再来看看位运算符，如表 5-5 所示。

表 5-5　位运算符

运　算　符	含　　义	使用格式
~	位非	~a
&	位与	a & b
|	位或	a | b
^	位异或	a ^ b
<<	左移	a << b
>>	有符号右移	a >> b
>>>	无符号右移	a >>> b

1. 位非

位非运算符由一个波浪线 "~" 表示，执行按位非的结果就是返回数值的反码。具体实践请看下面一段代码：

```
var num1 = 3;              // 0000 0000 0000 0000 0000 0000 0000 0011
var num2 = ~num1;
alert(num2);              // -4
```

对 3 执行按位非操作，结果得到了-4。即按位非的数值即该数值的负数减 1。

2. 位与

位与运算符用一个和字符 "&" 表示，它有两个操作数。从本质上讲，按位与操作就是将两个数值的每一位对齐，然后当对齐的两位均为 1 时，该位为 1，其余皆为 0。

```
3      0 0 0 0 0 0 0 0 0 0 0 0 0 0 0 0 0 0 0 0 0 0 0 0 0 0 0 0 0 0 1 1
  &
5      0 0 0 0 0 0 0 0 0 0 0 0 0 0 0 0 0 0 0 0 0 0 0 0 0 0 0 0 0 1 0 1
─────────────────────────────────────────────────────────────────────
1      0 0 0 0 0 0 0 0 0 0 0 0 0 0 0 0 0 0 0 0 0 0 0 0 0 0 0 0 0 0 0 1
```

3. 位或

位或运算符用一个竖线符 "|" 表示，它有两个操作数。从本质上讲，按位或操作就是将两个数值的每一位对齐，然后当对齐的两位均为 0 时，该位为 0，其余皆为 1。

```
3      0 0 0 0 0 0 0 0 0 0 0 0 0 0 0 0 0 0 0 0 0 0 0 0 0 0 0 0 0 0 1 1
  |
4      0 0 0 0 0 0 0 0 0 0 0 0 0 0 0 0 0 0 0 0 0 0 0 0 0 0 0 0 0 1 0 0
─────────────────────────────────────────────────────────────────────
7      0 0 0 0 0 0 0 0 0 0 0 0 0 0 0 0 0 0 0 0 0 0 0 0 0 0 0 0 0 1 1 1
```

4. 位异或

位异或运算符用一个插入符 "^" 表示，它有两个操作数。从本质上讲，按位异或操作就是将两个数值的每一位对齐，然后当对齐的两位均相同时，该位为 0，其余皆为 1。

```
3      0 0 0 0 0 0 0 0 0 0 0 0 0 0 0 0 0 0 0 0 0 0 0 0 0 0 0 0 0 0 1 1
  ^
7      0 0 0 0 0 0 0 0 0 0 0 0 0 0 0 0 0 0 0 0 0 0 0 0 0 0 0 0 0 1 1 1
─────────────────────────────────────────────────────────────────────
4      0 0 0 0 0 0 0 0 0 0 0 0 0 0 0 0 0 0 0 0 0 0 0 0 0 0 0 0 0 1 0 0
```

5. 左移

左移运算符用两个小于号 "<<" 表示，这个运算符会将数值的所有位向左移动指定的位数，移动的位数，右方空缺以 0 填充，符号位保持不变。

```
3    0 0 0 0 0 0 0 0 0 0 0 0 0 0 0 0 0 0 0 0 0 0 0 0 0 0 0 0 0 0 1 1
2 <<

12   0 0 0 0 0 0 0 0 0 0 0 0 0 0 0 0 0 0 0 0 0 0 0 0 0 0 0 0 1 1 0 0
```

6. 有符号右移

有符号右移运算符用两个大于号"＞＞"表示，这个运算符会将数值的所有位向右移动指定的位数，符号位保持不变，左方空缺以符号位填充。

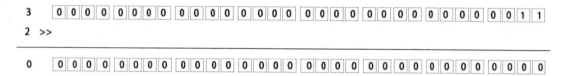

7. 无符号右移

无符号右移运算符用三个大于号"＞＞＞"表示，这个运算符会将数值的所有位向右移动指定的位数，移动的位数，左方空缺以 0 填充。对于正数而言，没有影响；但对于负数来说，影响较大。

5.2.6　其他运算符

除了前面讲到的可以分类的运算符，在 JavaScript 中还有一些其他的运算符，如表 5-6 所示。

表 5-6　其他运算符

运 算 符	含　义	使用格式
typeof	查看类型	typeof a
delete	删除属性	delete a
void	取消返回值	

续表

运 算 符	含 义	使用格式
in	验证属性是否存在	a in b
instanceof	验证对象是否为类的实例	
? :	判断表达式，若为真则执行问号后的表达式，若为假则执行冒号后面的表达式	a ? b : c
new	构造对象	new A

1. instanceof 运算符

实例判断运算符，用于判断一个对象是否为一个类的实例。当我们尝试使用 typeof 来判断是否为数组时，其返回值为 object。数组属于 object 类型派生出来的一种特殊类型，数组的名称为"Array"，所以返回 object。

不过，JavaScript 给我们提供了 instanceof 运算符，用此运算符可以判断对象是否是类的实例。具体实践如图 5-26 和图 5-27 所示。

```html
1 <!DOCTYPE html>
2 <html>
3 <head>
4     <meta charset="UTF-8">
5     <title>兄弟连IT教育</title>
6 </head>
7 <body>
8     <script>
9         var nums = [1,2,3];              // 定义一个数组
10        document.write('<h2>', typeof nums, '</h2>');
11        document.write('<h2>', nums instanceof Array, '</h2>');
12        document.write('<h2>', {name:'IT兄弟连'} instanceof Array, '</h2>');
13    </script>
14 </body>
15 </html>
```

图 5-26　instanceof 运算符示例代码

图 5-27　instanceof 运算符示例效果

可以看到，当使用 instanceof 运算符判断该对象是否为数组时，可以轻松地判断出来。

2. delete 运算符

删除属性运算符，用来删除对象的属性或者数组中的元素，返回值为 true 或 false。关于对象我们尚未讲解，这里仅作为一个示例来展示它的功能，如图 5-28 和图 5-29 所示。

```
1  <!DOCTYPE html>
2  <html>
3  <head>
4      <meta charset="UTF-8">
5      <title>兄弟连IT教育</title>
6  </head>
7  <body>
8      <script>
9          var obj = {name:'兄弟连'};
10         document.write('<h2>', obj.name, '</h2>');
11         delete obj.name;
12         document.write('<h2>', obj.name, '</h2>');
13     </script>
14 </body>
15 </html>
```

图 5-28 delete 运算符示例代码

图 5-29 delete 运算符示例效果

3. in 运算符

属性验证运算符，用来验证一个对象是否包含某个属性，返回值为 true 或 false。示例代码和效果如图 5-30 和图 5-31 所示。

```
1  <!DOCTYPE html>
2  <html>
3  <head>
4      <meta charset="UTF-8">
5      <title>兄弟连IT教育</title>
6  </head>
```

图 5-30 in 运算符示例代码

129

```
 7 <body>
 8     <script>
 9         var obj = {name:'兄弟连'};
10         document.write('name' in obj);
11     </script>
12 </body>
13 </html>
```

图 5-30 in 运算符示例代码（续）

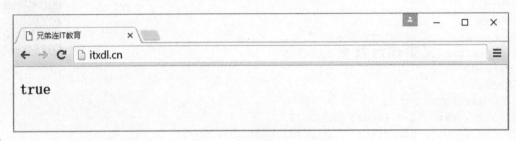

图 5-31 in 运算符示例效果

4. void 运算符

取消返回值运算符，用于解析表达式，并返回 undefined。这个运算符经常用于阻止<a>标签的跳转，比如下面这个例子：

图 5-32 void 运算符示例效果

这时会计算 1+1，但不会跳转页面，使得该链接无效，如图 5-32 所示。在之前的项目中经常会用到这个运算符来阻止页面的跳转。

```
<a href="javascript:void(1+1)">点击链接后，页面不动</a>
```

5. 三元运算符（？:）

问号和冒号的组合也可以称为三元运算符，在实际开发中我们经常会用到，因为它可以说是 if…else 语句的简写模式。if…else 语句会在 6.4.2 节讲到，这里首先讲解一下三元运算符的格式与使用。其语法格式如下：

```
表达式?真区间:假区间
```

问号和冒号分隔了三个区间，分别是表达式、真区间、假区间。其中，表达式用作判断条件，会执行类型转换为布尔值。当布尔值为 true 时，则执行真区间的代码；否则执行假区间的代码。

　　下面展示了三元运算符的简单示例，如图 5-33 和图 5-34 所示。

```html
1 <!DOCTYPE html>
2 <html>
3 <head>
4     <meta charset="UTF-8">
5     <title>兄弟连IT教育</title>
6 </head>
7 <body>
8     <script>
9         alert( 1+1 == 2 ? "真区间" : "假区间" );
10     </script>
11 </body>
12 </html>
```

图 5-33　三元运算符示例代码

图 5-34　三元运算符示例效果

5.2.7　优先级

　　当不同的运算符结合在一起使用时，应该先计算哪一个？这涉及一个优先级的问题。在数学中我们知道，乘除优先于加减，同时可以通过圆括号来提升优先级。这在 JavaScript 中同样适用，但由于 JavaScript 的运算符较多，可以列出一张表格，优先级自上而下，同级优先级放在一行，按自左向右优先级依次递减，如表 5-7 所示。

表 5-7　运算符的优先级

运　算　符	描　　述
.、[]、()	字段访问、数组下标、函数调用及表达式分组
++、--、-、~、!、delete、new、typeof、void	一元运算符、返回数据类型、对象创建、未定义值
*、/、%	乘法、除法、取模

续表

运 算 符	描 述
+、-、+	加法、减法、字符串连接
<<、>>、>>>	移位
<、<=、>、>=、instanceof	小于、小于等于、大于、大于等于、instanceof
==、!=、===、!==	等于、不等于、全等于、全不等于
&	按位与
^	按位异或
|	按位或
&&	逻辑与
||	逻辑或
?:	条件，三元运算符
=	赋值、运算赋值
,	多重求值

让我们看一下因为优先级而出现的 Bug。在下面的这个例子中（见图 5-35 和图 5-36），我们想要判断变量 arr 是否为数组类型，并且取反值。可以看出，变量 arr 已声明但并未进行初始化赋值，其默认值为 undefined。我们期望的是进入真区间，执行该行内容。

但是这段代码永远弹出的是假区间的内容，这是因为"!"的优先级要高于 instanceof，所以第一步会执行"!arr"，undefined 强制转换为 false，false 取反为 true，那么判断布尔值是否是数组，显而易见，会返回 false。

那么，最终结果是进入假区间，执行此行代码。

```
1  <!DOCTYPE html>
2  <html>
3  <head>
4      <meta charset="UTF-8">
5      <title>兄弟连IT教育</title>
6  </head>
7  <body>
8      <script>
9          var arr;
10         if ( !arr instanceof Array ){
11             alert( '表达式判断为true' );        // 进入真区间，输出该内容
12         }else{
13             alert( '表达式判断为false' );       // 进入假区间，输出该内容
14         }
```

图 5-35　运算符优先级使用示例代码 1

```
15        </script>
16 </body>
17 </html>
```

图 5-35　运算符优先级使用示例代码 1（续）

图 5-36　运算符优先级使用示例效果 1

当然，我们可以通过圆括号来规避此 Bug，修改后的代码和效果如图 5-37 和图 5-38 所示。

```
1 <!DOCTYPE html>
2 <html>
3 <head>
4     <meta charset="UTF-8">
5     <title>兄弟连IT教育</title>
6 </head>
7 <body>
8     <script>
9         var arr;
10        if ( !(arr instanceof Array) ){
11            alert( '表达式判断为true' );      // 进入真区间，输出该内容
12        }else{
13            alert( '表达式判断为false' );     // 进入假区间，输出该内容
14        }
15    </script>
16 </body>
17 </html>
```

图 5-37　运算符优先级使用示例代码 2

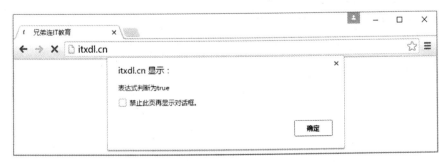

图 5-38　运算符优先级使用示例效果 2

最后，我们需要牢记运算符优先级，避免出现此类问题。当然，全记住也非易事，不过当我们不确定优先级时，可以通过圆括号来进行辅助。

本章小结

- 表达式分为简单表达式和复杂表达式，复杂表达式由简单表达式构成，简单表达式是最小单位，比如变量、常量等。
- JavaScript 包含多种运算符，如算术运算符、赋值运算符、关系运算符、逻辑运算符、位运算符、其他运算符等。其中，除位运算符不经常使用外，其余运算符在 JavaScript 中会被频繁用到。
- 优先级规则，即当运算符在一起使用时，决定优先执行哪一个运算符的规则。此规则需要各位读者详细记忆。当然，当忘记优先级顺序时，可以使用圆括号来强制指定运算顺序。

本章习题及其答案

本章资源包

本章扩展知识

课后练习题

一、选择题

1. 以下对表达式的描述，哪一项是错误的？（ ）

A. 表达式分为简单表达式和复杂表达式，但其最后的结果均是返回一条语句

B. 通常会使用表达式来进行判断和取值

C. 表达式分为简单表达式和复杂表达式，复杂表达式由简单表达式构成

D. 使用运算符可以将简单表达式连接起来，变成复杂表达式

2. 以下哪一个不是算术运算符？（ ）

A. %　　　　　　B. ++　　　　　　C. /　　　　　　D. +=

3. 以下哪一个不是赋值运算符？（ ）

A. +=　　　　　　B. -=　　　　　　C. >=　　　　　　D. /=

4．以下哪一个不是关系运算符？（ ）

A．= B．== C．=== D．!=

5．以下哪一个不是逻辑运算符？（ ）

A．&& B．‖ C．! D．&

6．以下对算术运算符使用时的描述，错误的是（ ）。

A．在算术运算中，除加法运算符外，非数值类型的值会自动转换为数值类型

B．在执行"alert(num++)"时，首先输出 num 的值，然后再对 num 进行累加 1

C．在执行"alert(--num)"时，首先对 num 进行累减 1，然后再输出 num 的值

D．"+"是算术运算符，只能用于数值运算

7．对于大于、小于运算符的运算规则，以下描述信息错误的是（ ）。

A．左右两边均为数值，则执行数值比较

B．左右两边有一个操作数为数值，则另一个操作数会转换为数值，再执行数值比较

C．左右两边若均为非数值类型，则无法进行比较

D．左右两边有一个布尔值，则将其转换为数值，再进行比较，true 转换为 1，false 则
转换为 0

8．对于逻辑运算符的运算规则，以下描述错误的是（ ）。

A．逻辑与有短路现象，即当判断第一个操作数为 false 时，则不会再判断第二个操作数

B．逻辑或有短路现象，即当判断第一个操作数为 true 时，则不会再判断第二个操作数

C．逻辑非运算符，操作数会先被转换为布尔值，然后取反并返回布尔值

D．逻辑运算符经常用于计算数值

9．运算符的优先级是指当多个运算符组成一个表达式时，哪一个运算符先执行的规则。
对于优先级的规则，以下描述错误的是（ ）。

A．乘除运算符的优先级大于加减运算符

B．"="赋值运算几乎是在运算符优先级的最末端

C．逻辑与运算符的优先级要大于逻辑或

D．关系运算符的优先级要小于逻辑运算符

10．对于等性运算符的运算规则，以下描述错误的是（ ）。

A．等于"="、不等于"!="左右两侧的数据不同时，会进行类型转换，比较转换后
的值

B．全等于"==="、全不等于"!=="不会在运算时进行类型转换，只比较原始数据

C．NaN 在做比较大小时，均会返回 false

D．NaN 在与本身进行等性比较时，会返回 true

二、简答题

1. 简述 JavaScript 中运算符的优先级。

2. 观察以下代码，并推算结果。

```
var num1 = 1 || 2;
var num2 = 1 && 2;
var num3 = !(1 || 3 > 2);
```

第6章

语 句

如果说表达式代表短语，那么语句就相当于日常用语中的整句。一篇文章是由多条整句组合而成的，JavaScript 程序则是由一系列可执行语句组成的。在 JavaScript 中，有多种不同的语句，如表达式语句、声明语句、条件语句、循环语句、跳出语句等，这些语句都有规定的语法格式及功能。

本章将对 JavaScript 中的语句进行详细讲解。

本章二维码

本章二维码里面包括：
1. 本章的学习视频。
2. 本章所有实例演示结果。
3. 本章习题及其答案。
4. 本章资源包（包括本章所有代码）下载。
5. 本章的扩展知识。

6.1 顺序结构

在日常生活中，约定俗成的顺序规则就是自前往后、自上而下、自左至右。在 JavaScript 中与之相同，组成 JavaScript 程序的一系列语句会按照编码顺序、自上而下依次执行，这种结构就称为顺序结构。

在 JavaScript 中也包含这样一类语句，能够根据条件对程序的执行顺序施加影响，达到对程序执行顺序的控制，这类语句称为流程控制语句。本章中的条件语句、循环语句、跳出语句都是流程控制语句，这类语句用于处理程序中的逻辑，也是语句中最重要的部分。

6.2 表达式语句

表达式语句是基本语句之一，可以说是最简单的一种语句。理论上所有的表达式均可以作为表达式语句出现，但显然有一些表达式单独出现是没有任何意义的。比如下面这样的表达式语句：

```
1;                  // 常量表达式
"兄弟连 IT 教育";     // 常量表达式
1 > 3;              // 复杂表达式
```

上述表达式均能够被 JavaScript 引擎正常解析，但很显然，它们的存在是没有任何意义的。因为这些表达式返回的值并没有产生作用，就好像计算了一个数值，然后把它丢弃了一样。如果想要把这些表达式变得有意义，就需要将它们放置在赋值语句或者流程控制语句中，让返回值能够被使用。示例代码如图 6-1 所示。

```
 1  <!DOCTYPE html>
 2  <html>
 3  <head>
 4      <meta charset="UTF-8">
 5      <title>兄弟连IT教育</title>
 6  </head>
 7  <body>
 8      <script>
 9          var num = 1;
10          var str = "兄弟连IT教育";
11          if(1 < 3){
12              alert(str);
13          }
14      </script>
15  </body>
16  </html>
```

图 6-1 流程控制语句示例代码

上述代码就让单独的表达式变得有意义，因为它们的执行对程序产生了影响。在最后一步，笔者使用了 if 语句，它属于条件语句，当小括号内的表达式返回 true 时则执行大括号区域的代码，当返回 false 时则跳过大括号区域的代码，关于其详细语法在 6.4 节中我们再进行解析。

有些语句单独出现时是有意义的，比如赋值类型的表达式，如图 6-2 所示。

```
 1  <!DOCTYPE html>
 2  <html>
 3  <head>
 4      <meta charset="UTF-8">
 5      <title>兄弟连IT教育</title>
 6  </head>
 7  <body>
 8      <script>
 9          var num = 1;
10          num++;            // 相当于: num = num + 1
11          num--;            // 相当于: num = num - 1
12          num += 1;         // 相当于: num = num + 1
13          num *= 1;         // 相当于: num = num * 1
14      </script>
15  </body>
16  </html>
```

图 6-2 单独表达式语句示例代码

还包括一些函数调用表达式,比如我们经常使用的函数 alert()和 console.log()。这两个函数笔者曾多次用到,这里就不再演示了。

6.3 声明语句

声明语句仅有声明变量和声明函数两种情况。在前面我们已经了解了如何声明一个变量,在这里就不再赘述了。声明函数会用到关键字 function,声明语句简单示例如下:

```
function say() {
    alert("兄弟连 IT 教育");
}
```

上例中 say 为函数名称,大括号区域为函数体,这样就声明了一个名为 say 的函数。因为函数的重要性,笔者会在第 7 章中详细讲解,在这里仅需要了解声明语句中包含声明变量和声明函数即可。

扩展:在 ES6 中,使用关键字 let、const 修饰的语句也属于声明语句。

6.4 条件语句

条件语句又可以称为分支语句、分支结构。条件语句最基本的部分就是条件和分支,通过判断条件来决定执行哪个分支。那我们就可以将程序的执行顺序比喻成一条路径,在路径中我们可以通过条件语句来设置分支(见图 6-3)。

图 6-3　分支结构示意图

JavaScript 中有 4 种条件分支语句，分别是 if 语句、if...else 语句、else if 语句、switch 语句。笔者会按照这个顺序进行解读。还有人把 JavaScript 条件语句分为两种，分别为 if 语句（包括 if、if...else、else if）和 switch 语句，叫法不同，其含义一致。

6.4.1　if 语句

if 语句是最基本的条件语句，它会根据条件表达式的值执行不同的分支。它有两种格式，其　为简写格式，如下：

```
if (condition) statement;
```

其中，condition 为条件表达式，statement 为可执行语句。其解析步骤为：如果 condition 为 true，则执行 statement；否则，跳过 statement。

其二为全写格式，如下：

```
if (condition) {
    statement;
}
```

在全写格式下可以很清晰地看到 if 语句的语法结构，大括号区域是可执行语句 statement，这块区域又被称为真区间，当 condition 为 true 时，则执行真区间；否则跳过，如图 6-4 所示。

全写格式与简写格式基本一致，但需要注意一点，简写格式下的真区间只接收一条语句；而全写格式下因为有大括号的存在，它的真区间可接收多条语句。

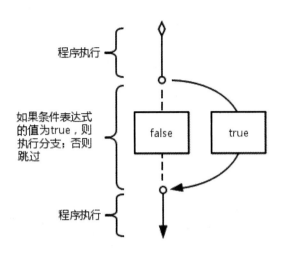

程序执行

如果条件表达式
的值为true，则
执行分支；否则
跳过

false　　true

程序执行

图 6-4　if 语句执行步骤解析

当然，if 语句在发挥其实际作用时，还可以做一些比较好玩的事情。有的开发者拿它写诗，在这个看似与编程毫无关系的领域，开发者到底是如何发挥自己的诗情画意的呢？让我们来欣赏一下代码写的诗：

```
// 你爱或者不爱，爱就在那里，不增不减
if(you.Love(Me) == true || you.Love(Me) == false){
love = love;
love++;
love--;
}
```

当然，这段代码在实际项目中没有任何意义，但这种思维方式有助于我们学习编程语言，因为只有了解了语法含义之后才能写出如此优雅的代码。

6.4.2　if...else 语句

if...else 语句可以说是 if 语句的扩展模式，其区别是在原来的基础上使用 else 增加一个假区间。其同样有简写格式和全写格式。

```
// 简写格式
if (condition) statement1; else statement2;
// 全写格式
if (condition) {
    statement1;
} else {
    statement2;
}
```

可以看到，if...else 语句与 if 语句类似，执行步骤也类似。从结构上来看，if...else 语句

分为两个区域：真区间和假区间。从解析步骤上来看，当 condition 为 true 时，则执行真区间 statement1；当 condition 为 false 时，则执行假区间 statement2，如图 6-5 所示。

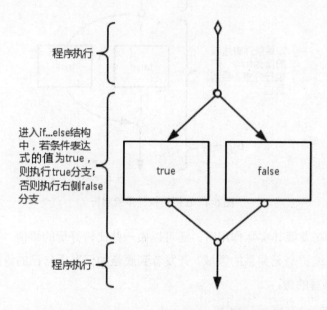

图 6-5　if...else 语句执行步骤解析

举例如图 6-6 和图 6-7 所示。

```
1  <!DOCTYPE html>
2  <html>
3  <head>
4      <meta charset="UTF-8">
5      <title>兄弟连IT教育</title>
6  </head>
7  <body>
8      <script>
9          if(true){
10             alert("真区间");
11         }else{
12             alert("假区间");
13         }
14     </script>
15 </body>
16 </html>
```

图 6-6　if...else 语句示例代码

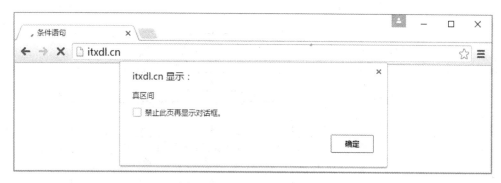

图 6-7 if...else 语句示例效果

需要注意一点，与 if 语句类似，在简写格式下仅能跟随一条语句，在全写格式下可以跟随多条语句。

6.4.3 else if 语句

else if 语句是 if...else 语句的延伸，如果说 if...else 语句是一个分岔路口，那么 else if 语句就是多个分岔路口。其格式也包含简写格式与全写格式，如下：

```
// 简写格式
if(condition1) statement1;
else if(condition2) statement2;
...
else statementn;

// 全写格式
if(condition1){
    statement1;
}else if(condition2){
    statement2;
}
...
else{
    statementn;
}
```

可以看出 else if 语句是插入 if...else 语句的真假区间之间的语句，在 else if 后继续跟随条件判断。这种语句一般用于多个条件表达式的判断。其功能是针对不同条件执行对应区间的代码，若所有条件表达式的值都为 false，则执行 else 对应的假区间。

在生活中也有类似于这样的条件判断。比如现在有一个需求，让你去组织一场会议，作为组织者，你需要告诉门卫如何辨别参会人群。那么问题就是：如何辨别参会人群呢？

这时你就会分析什么人能够进来，比如主办方、承办方、邀请嘉宾、参会人，如果不符合身份则拒之门外。执行步骤如图 6-8 所示。

细说 JavaScript 语言

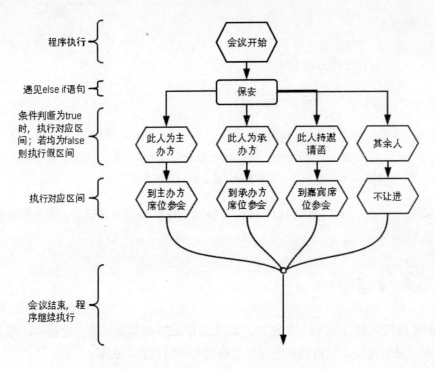

图 6-8　else if 语句执行步骤解析

它的实现代码也很简单，如图 6-9 所示。

```html
1  <!DOCTYPE html>
2  <html>
3  <head>
4      <meta charset="UTF-8">
5      <title>兄弟连IT教育</title>
6  </head>
7  <body>
8      <script>
9          var person = "主办方";
10         if( person == "主办方" ){
11             alert("请到主办方席位");
12         }else if( person == "承办方" ){
13             alert("请到承办方席位");
14         }else if( person == "邀请嘉宾" ){
15             alert("请到嘉宾席参会");
16         }else{
17             alert("拒入");
18         }
19     </script>
20 </body>
21 </html>
```

图 6-9　else if 语句示例代码

144

假定来的人是主办方，即将 person 赋值为"主办方"，那么上述代码将会达到如图 6-10 所示的效果。

图 6-10　else if 语句示例效果

其实，如果门卫只负责确定是否可以进入，那么我们可以利用逻辑运算符简写成以下格式，如图 6-11 所示。

```
1 <!DOCTYPE html>
2 <html>
3 <head>
4    <meta charset="UTF-8">
5    <title>兄弟连IT教育</title>
6 </head>
7 <body>
8    <script>
9        var person;
10       if(person == "主办方"||person=="承办方"||person=="邀请嘉宾"){
11           alert("请进");
12       }else{
13           alert("拒入");
14       }
15   </script>
16 </body>
17 </html>
```

图 6-11　if...else 改写为 else if 示例代码

当此人为主办方、承办方、邀请嘉宾中的任意一类时，都可以进入会场；否则会被拒入。

6.4.4　switch 语句

switch 语句用于单个条件多种情况的判断，针对不同情况执行对应的代码块。其语法格式如下：

```
switch(condition){
    case value1:
        statement;
        break;
```

```
    case value2:
        statement;
        break;
  ...
    default:
        statement;
}
```

switch 结构由关键字 case、break 和 default 共同组成。关键字 case 用于指定可能的情况，其写法如上所示，在 case 后跟一个值或一个表达式，并用冒号与可执行代码块进行分隔。关键字 break 用于通知可执行代码块的结束，跳出 switch 结构。关键字 default 可以省略，因为它在 switch 结构中作为备选方案，当所有 case 情况均未能匹配时，才会执行 default 对应的代码。原则上 default 可以放在 switch 结构中的任意位置，但开发者约定俗成地将其放在 switch 结构的末尾。

还需要特别注意的是，当条件表达式 condition 进行 case 情况匹配时，使用的是全等运算符，当且仅当 condition===value，即数据类型和值完全相等时，case 情况才会被匹配到。

switch 结构用于单一条件的不同情况时有奇效。在生活中我们也经常用到，比如设定起床闹铃，从周一到周五我们会设定 8:00 起床，周末会设定 9:00 起床。那我们就完成这样一个实例，如图 6-12 和图 6-13 所示。

```javascript
9   var date = new Date();                    // js内置日期对象
10  var day = date.getDay();                  // js获取周几，值为0-6
11  switch(day){
12      case 0:
13          alert("今天是周日，你可以9:00起床");
14          break;
15      case 1:
16          alert("今天是周一，你必须8:00起床");
17          break;
18      case 2:
19          alert("今天是周二，你必须8:00起床");
20          break;
21      case 3:
22          alert("今天是周三，你必须8:00起床");
23          break;
24      case 4:
25          alert("今天是周四，你必须8:00起床");
26          break;
27      case 5:
28          alert("今天是周五，你必须8:00起床");
29          break;
30      case 6:
31          alert("今天是周六，你可以9:00起床");
32          break;
33      default:
34          alert("非地球日期");
35  }
```

图 6-12 switch 结构闹钟示例代码

图 6-13 switch 结构闹钟示例效果

上例中我们用到了 JavaScript 内置的 Date 对象和内置对象的函数,这里不进行详细介绍,只需知道第 11 行会返回一个 0~6 之间的值,其中 0 代表周日,其余正常。在上例代码中,通过判断变量 day 的值,执行对应的代码块。

当 break 省略时,会执行匹配到的 case 代码块,直到 break 出现或者代码执行结束。

当 day 为 2 时,会直接执行 case 2 后的代码, case 3、case 4、case 5 均会被当作正常代码执行,不会报错,直到遇见 break 才会停止,跳出 switch 结构;其余值类似。

既然 else if 语句与 switch 语句都可以实现多分支结构,那么我们可以将其与 else if 语句进行对比。

(1)从执行顺序上看,switch 结构会根据条件表达式的值对 case 情况进行定位,直接跳转到匹配的 case 情况;而 else if 语句则会自上而下依次执行,直到条件表达式的值为 true 或进入假区间。

(2)从判断条件上看,switch 结构会根据单个条件的不同情况进行条件匹配;而 else if 结构会判断多个条件表达式,执行对应的区间。

(3)从执行效率上看,switch 结构的执行效率要高一些。

6.5 循环语句

如果把分支结构比喻成分岔路口,那么循环就像一条闭合的环路,程序会沿着环路路径重复执行下去。在 JavaScript 中,循环结构就是让一部分代码块重复执行。在循环结构中有 4 种循环语句,分别为 while 循环、do...while 循环、for 循环和 for...in 循环,在本节中会依次讲到。开发者在遍历数组时经常会用到循环,我们将在第 9 章中着重讲解。

细说 JavaScript 语言

6.5.1 while 循环

while 循环是最基本的循环语句，其语法格式也分为简写格式和全写格式。简写格式如下：

```
while(condition) statement;
```

全写格式如下：

```
while(condition){
    statement;
}
```

condition 是一个条件表达式，被大括号包裹的 statement 为循环体。在每次循环时，都会计算 condition 的布尔值，如果为 true，则执行循环体内的代码块；如果为 false，则终止循环结构，执行后续代码。注意，while(true)是一个死循环，死循环会导致程序崩溃。

通常开发者使用循环结构，不会执行重复的代码块，一般会在循环结构中使用一个变量来控制实现效果，也正是因为变量的变化，循环体内的代码块也会随之发生改变。不仅如此，一般 condition 条件表达式返回的值也会随着循环次数的增加而发生变化，也只有这样才会让循环变得更有意义，因为如果是一个固定的值，那么该循环是没有意义的。这一点我们需要牢记于心，也只有符合这样的条件，循环才会是一个有意义的循环。

其执行步骤如图 6-14 所示。

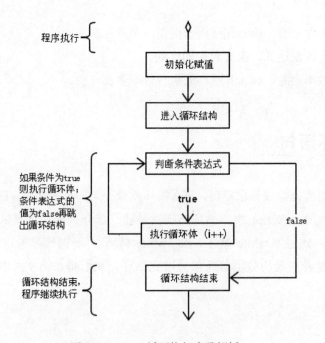

图 6-14 while 循环执行步骤解析

148

我们可以利用循环结构来实现一个有意义的实例。在学生生涯中，老师在上课前会进行点名，假设班级点名手册中有 20 人，标明了学号、姓名，老师依次进行点名，点到的同学会回答一声"到!"。我们可以用编程思维去实现，代码如图 6-15 所示。

```
1  <!DOCTYPE html>
2  <html>
3  <head>
4      <meta charset="UTF-8">
5      <title>兄弟连IT教育</title>
6  </head>
7  <body>
8      <script>
9          var number = 1;
10         while(number <= 20){
11             alert("到! ");
12             number++;
13         }
14     </script>
15 </body>
16 </html>
```

图 6-15   while 循环示例代码

由上例可以看到，我们通过学号进行点名，学号初始值为 number=1，表达式 number<=20 作为循环条件，学生的答到和学号的累加 1 作为循环体。

上述代码遇到循环结构的执行步骤为：首先判断 number<=20，因为 number=1，所以表达式返回 true；然后执行循环体，弹出对话框"到!"并且学号 i 累加 1，循环体执行结束；进入第二次循环，先判断条件表达式，因为 number=2，所以表达式成立，循环体继续执行；当循环到第 21 次时，条件表达式返回 false，循环结构结束。

大多数循环都会有 number 这样的一个变量，业内普遍称之为计数器变量，常将其变量名声明为 i、j、k，当然你也可以定义更具语义化的变量名。

6.5.2   do...while 循环

do...while 循环与 while 循环类似，其也简写格式和全写格式。简写格式如下：

```
do
    statement;
while(expression);
```

全写格式如下：

```
do{
    statement;
    ...
}while(expression);
```

由其格式可以看出 while 循环与 do...while 循环的些许差别，后者多了关键词 do 并且将 while(expression)判断表达式这一步挪到了循环体的结束位置。这也表示了 do...while 循环的一个特性，就是第一次执行循环体时，不会判断表达式是否为真，从第一次循环执行结束后到以后的每次循环才会判断条件表达式。这意味着 do...while 循环至少会执行一次，可以看出二者的差别不是很大，在大多数情况下 do...while 循环可以与 while 循环进行互换。

最后只需要记住它的一个特性：在第一次执行循环体时不会判断条件表达式。

6.5.3 for 循环

for 循环是开发者常用的循环结构，其有着比 while 循环更为方便、易懂的语法格式。其语法格式依然有简写格式和全写格式两种。

简写格式如下：

```
for(initialize; expression; increment) statement;
```

全写格式如下：

```
for(initialize; expression; increment){
    statement;
    ...
}
```

在语法格式中，initialize 代表初始化表达式，通常为一个变量声明赋值的语句；expression 为条件表达式；increment 为一个自增表达式。这三个表达式可以在 while 循环和 do...while 循环中找到相似的影子。比如，在我们模拟上课点名的案例中，初始化表达式就是 var i=1，条件表达式为 i<=20，自增表达式为 i++。那么我们可以将其使用 for 循环进行改写，代码如图 6-16 所示。

```
1  <!DOCTYPE html>
2  <html>
3  <head>
4      <meta charset="UTF-8">
5      <title>兄弟连IT教育</title>
6  </head>
7  <body>
8      <script>
9          for(var i=1;i<=20;i++){
10             alert("到!");
11         }
12     </script>
13 </body>
14 </html>
```

图 6-16 for 循环示例代码 1

上述代码达到的效果与 while 循环一致，会循环 20 次。将声明变量并初始化赋值表达式、条件表达式和自增表达式写在一行并且处于一个循环结构中，可以使循环结构变得清晰、简洁、易懂。

其执行步骤是：当第一次循环时，第一步会执行声明变量并初始化赋值表达式；第二步会计算条件表达式的值，为 true 时会执行循环体，为 false 时会跳出循环结构；第三步在循环体执行完毕后会执行自增表达式；然后开始循环执行第二步和第三步，直到条件表达式为 false 时，停止并跳出循环结构，如图 6-17 所示。

注意：for 循环的第一个表达式仅执行一次。

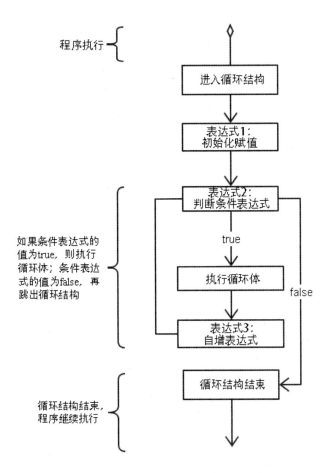

图 6-17 for 循环执行步骤解析

其实 for 循环中的三个表达式均可以省略，但是分号必须存在。比如 for(;;)，它与 while(true) 意义相同，是一个死循环。再比如将上一例进行改写，代码如图 6-18 所示。

151

```
1  <!DOCTYPE html>
2  <html>
3  <head>
4      <meta charset="UTF-8">
5      <title>兄弟连IT教育</title>
6  </head>
7  <body>
8      <script>
9          var i=1;
10         for(;i<=20;){
11             alert("到!");
12             i++;
13         }
14     </script>
15 </body>
16 </html>
```

图 6-18   for 循环示例代码 2

这里仅作为知识的补充可以这样写，但是 for 循环的优势全无，没有任何实际意义，所以笔者不推荐使用这种格式。

for 循环可以做很多有趣的事情，比如九九乘法表，就像图 6-19 一样。

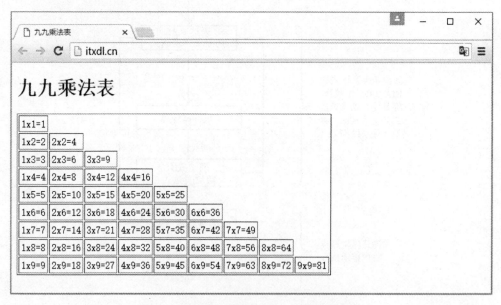

图 6-19   使用 for 循环实现九九乘法表效果

它完全可以使用 JavaScript 做出来，示例代码如图 6-20 所示。

```
1  <!DOCTYPE html>
2  <html>
3  <head>
4      <meta charset="UTF-8">
5      <title>兄弟连IT教育</title>
6  </head>
7  <body>
8      <h1>九九乘法表</h1>
9      <script>
10         // 拼接字符串
11         var str = "<table border='1' cellpadding='3'>";
12         // 外层循环
13         for(var i=1;i<10;i++){
14             str += "<tr>";
15             // 内层循环
16             for(var j=1;j<=i;j++){
17                 str += "<td>" + j + "x" + i + "=" + i * j + "</td>";
18             }
19             str += "</tr>";
20         }
21         str += "</table>";
22         // 输出字符串
23         document.write(str);
24     </script>
25 </body>
26 </html>
```

图 6-20 使用 for 循环实现九九乘法表示例代码

除注释外，实现九九乘法表的核心 JavaScript 代码仅有 10 行，上例中使用了两次循环，利用 document.write()输出字符串就能够解析 HTML 代码的特性，使用 HTML 中的表格标签输出了一个长字符串。

当然，我们还可以使用 for 循环实现万年历的效果，如图 6-21 所示。

图 6-21 万年历示例效果

实现万年历效果的部分代码如图 6-22 所示。

```
166 // 添加日历信息节点
167 var count = 1;
168 for(var i=0;i<outerTimes;i++){
169     var tr = document.createElement("tr");
170     for(var j=1;j<=7;j++){
171         var td = document.createElement('td');
172         if((i == 0 && j <= data.theWeekOfFirstDay) || count > data.maxDay){
173             tr.appendChild(td);
174         }else if(data.day == count){
175             td.className = "active";
176             td.innerHTML = count;
177             tr.appendChild(td);
178             count++;
179         }else{
180             td.className = "date";
181             td.innerHTML = count;
182             tr.appendChild(td);
183             count++;
184         }
185     }
186     dateTable.appendChild(tr);
187 }
```

图 6-22　实现万年历效果的部分代码

在上述代码中，笔者展示了添加日历信息节点的部分代码，可以看到笔者用到了本章中的多层 for 循环结构实现了万年历效果。这与 DOM 节点知识、Date 日期对象知识密不可分，在后面的内置对象章节和 DOM 节点章节会进行详细讲解。

6.5.4　for...in 循环

for 循环与 for...in 循环的意义完全不同，for...in 循环常用来遍历对象和数组，其中 in 与我们之前学过的运算符一致，用于判断某个值是否存在于某一范围内。这里不做过多介绍，在第 8、9 章会详细讲到。

6.6　跳出语句

跳出语句在分支结构、循环结构及函数中经常用到。进入分支结构、循环结构或函数后，我们也许会在某个条件达到时直接跳出结构或者跳转到指定位置，这就需要用到跳出语句。在本节中会依次讲到 label、break 和 continue 语句。

6.6.1 label 语句

label 语句可以给代码添加标签，以便将来使用。label 语句的语法格式如下：

```
label : statement;
```

由语法格式可以看出，label 语句的使用非常简单，只需在语句前添加一个标识符并用冒号分隔即可。这种用法常用在 for 循环、while 循环、do...while 循环中。示例代码如图 6-23 所示。

```
1  <!DOCTYPE html>
2  <html>
3  <head>
4      <meta charset="UTF-8">
5      <title>兄弟连IT教育</title>
6  </head>
7  <body>
8      <script>
9          writeNumber:                // 标签语句:writeNumber
10         for(var i=0;i<10;i++){
11             document.write(i);   // 在页面中输出0123456789
12         }
13     </script>
14 </body>
15 </html>
```

图 6-23　标签语句示例代码

label 语句有两层含义：一是起到对语句的说明作用；二是与 break 和 continue 配合使用。与 break 配合使用我们在下一小节中会讲到。

6.6.2 break 语句

在 switch 结构中我们用到 break 来通知 case 代码块的结束，并跳出 switch 结构。其实 break 语句还可以用在循环结构中，用来跳出距离其最近的循环结构。语法格式如下：

```
break [label];        //中括号代表其中的内容可省略
```

其语法格式很简单，直接使用 break，意为跳出结构；或者使用 break 后跟一个标签名，跳出指定标签的语句结构。其常用在一个循环内部还有一个循环的嵌套循环结构下，需要跳出外层循环。举例如图 6-24 和图 6-25 所示。

```
1  <!DOCTYPE html>
2  <html>
3  <head>
4      <meta charset="UTF-8">
5      <title>兄弟连IT教育</title>
6  </head>
7  <body>
8      <script>
9          var count = 0;
10         outer:
11         for(var i=0;i<10;i++){
12             inner:
13             for(var j=0;j<10;j++){
14                 if(j == 5) break outer;
15                 count++;
16             }
17         }
18         alert(count);
19     </script>
20 </body>
21 </html>
```

图 6-24   break 语句示例代码

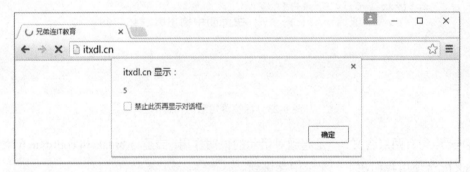

图 6-25   break 语句示例效果

在上例中，如果正常循环，那么应该在循环 100 次后循环结构才会结束；如果 break 后不跟随标签，那么它会跳出距离自己最近的循环结构，那么此时对话框中显示的内容应该是 50，也就是循环了 50 次。但上例中在 break 后添加了 outer 标签，所以会跳出标签为 outer 的循环结构，所以对话框中显示的内容为 5，仅在外层第 1 次循环、内层第 6 次循环时才跳出外层的循环结构。

6.6.3   continue 语句

continue 语句的使用方法与 break 语句类似，但是其功能有所差异。continue 是跳过本次循环。其语法格式如下：

```
continue [label];        //中括号代表其中的内容可省略
```

continue 与 break 的使用方法类似，可以单独使用，意为跳过一次距离其最近的循环结构；当跟随标签名时，跳过一次指定标签名对应的循环结构。

这个语句会用在什么地方呢？在学校里我们学过二元一次方程组，下面我们用 JavaScript 代码来对其进行解答。假定我们的题目是 $x>0$，$y>0$，并且 x、y 为整数，求二元一次方程组 $x+y=10$。示例代码和效果如图 6-26 和图 6-27 所示。

```html
1  <!DOCTYPE html>
2  <html>
3  <head>
4      <meta charset="UTF-8">
5      <title>兄弟连IT教育</title>
6  </head>
7  <body>
8      <script>
9          outer:
10         for(var x = 1;x<10;x++){
11             inner:
12             for(var y = 1;y<10;y++){
13                 if((x + y) != 10){
14                     continue;
15                 }
16                 console.log("x="+x+",y="+y+";");
17             }
18         }
19     </script>
20 </body>
21 </html>
```

图 6-26　continue 语句示例代码

图 6-27　continue 示例效果

在上例中，利用 continue 语句将所有不符合 *x+y*=10 的值采取了跳过本次循环的操作，将所有符合 *x+y*=10 的值进行对话框形式的弹出，我们得到 9 组答案。

Continue 语句的特性就在于跳过本次循环，能够更精准地对流程进行控制。

本章小结

➢ JavaScript 的解析顺序是自上而下执行，一旦出错或者有阻塞事件出现，后面的代码就不会继续执行。

➢ 声明语句包含声明变量和声明函数两种情况。

➢ 用于流程控制的语句有条件语句、循环语句、跳出语句等。其中，if 语句、for 循环语句最为常用，可以用 if 语句来控制程序执行，for 循环语句能够大大简化代码，实现代码的高可用性和复用性。

本章习题及其答案　　　　　　本章资源包　　　　　　本章扩展知识

课后练习题

一、选择题

1. 对于 JavaScript 中的语句，描述错误的是（　　）。

A. 表达式语句是基本语句之一，理论上所有的表达式均可以作为表达式语句出现

B. 声明语句有声明变量和声明函数两种情况

C. 条件语句又可以称为分支语句、分支结构

D. 循环语句就是让一条语句重复执行

2. 以下对顺序结构的描述，正确的是（　　）。

A. 组成 JavaScript 程序的一系列语句会按照编码顺序、自上而下依次执行

B. JavaScript 中按照自定义顺序执行一系列语句

C. JavaScript 顺序结构是既定的，无法改变，开发者无法左右程序的执行顺序

D. 流程控制语句与顺序结构不能同时存在

3．在 JavaScript 语句中，以下不是声明语句的是（　　）。

A．function say(){}　　　　　　　B．var name;

C．let name;　　　　　　　　　　D．if(){}

4．在 JavaScript 语句中，对于条件语句描述错误的是（　　）。

A．条件语句又可以称为分支语句、分支结构

B．JavaScript 有 4 种条件分支语句，分别是 if 语句、if...else 语句、else if 语句、switch 语句

C．switch 结构由关键字 case、return 和 default 共同组成

D．else if 语句是 if...else 语句的延伸，如果说 if...else 语句是一个分岔路口，那么 else if 语句就是多个分岔路口

5．在 JavaScript 语句中，对于循环语句描述错误的是（　　）。

A．循环就像一条闭合的环路，程序会沿着环路路径重复执行下去

B．循环结构中有 4 种循环语句，分别为 while 循环、do...while 循环、for 循环和 for...in 循环

C．使用循环结构，仅能重复单行的代码

D．for 循环与 for...in 循环的意义完全不同，for...in 循环常用来遍历对象和数组

6．以下列举的关键字不包含在跳出语句中的是（　　）。

A．label　　　　B．break　　　　C．continue　　　　D．stop

7．对于跳出语句，以下描述错误的是（　　）。

A．continue 关键字的含义为跳过一次距离其最近的循环结构

B．break 关键字可以用在循环结构中，用来跳出距离其最近的循环结构

C．break 后不能加任何参数，需要单独使用

D．break 可以用在 switch 结构中，用于跳出某个条件

8．对于 do...while 和 while 循环语句，以下描述错误的是（　　）。

A．二者均会用到条件表达式作为循环判断的条件

B．二者的差别在于，while 循环会首先判断条件表达式，而 do...while 循环会首先循环一次，然后再判断条件表达式

C．while 循环可以使用 for...in 循环代替

D．while 循环可以使用 for 循环代替

9．对于流程控制语句，以下描述错误的是（　　）。

A．if 语句是最基本的条件语句，它会根据条件表达式的值执行不同的分支

B．if...else 语句是 if 语句的扩展模式，其区别是在原来的基础上使用 else 增加一个假区间

C．else if 语句是 if...else 语句的延伸，它只有一个条件用作判断

D．switch 语句用于单个条件多种情况的判断，针对不同情况执行对应的代码块

细说 JavaScript 语言

10. 以下对于流程控制语句的描述错误的是（　　）。

A. 流程控制语句用于控制程序的执行与否

B. 流程控制语句包含声明语句、条件语句、循环语句、跳出语句、错误语句等

C. 流程控制是 JavaScript 语法的重要组成部分，在开发中尤其常用

D. 流程控制语句让程序变得有更多选择，让其更能满足程序开发的需要

二、简答题

简述 JavaScript 中流程控制语句的几种方法和使用特性。

第7章

函 数

在开发中经常会遇到这样的情况：在不同的位置反复使用同一段代码。显然，我们学过的循环语句只能循环输出一段代码，满足不了在不同位置使用同一段代码的需求。那我们能想到的解决这种需求的最简单的方式就是复制、粘贴，但这对于运行系统和开发者来说都不是易事。在 JavaScript 中，函数的出现正是用来解决这类需求的。

函数的作用就是封装一段 JavaScript 代码，让开发者可以通过简单的方式使用这段代码。本章笔者就来讲解函数的使用、创建，以及关于函数的一些必备知识。

本章二维码里面包括：
1. 本章的学习视频。
2. 本章所有实例演示结果。
3. 本章习题及其答案。
4. 本章资源包（包括本章所有代码）下载。
5. 本章的扩展知识。

本章二维码

7.1 函数分类

在几乎所有的编程语言中，都有函数这一概念，并且每种语言本身都集成了丰富的函数，这类函数被称为系统函数或者内置函数。系统函数在该语言设计时就已经定义好了，开发者只需根据该语言的开发手册就能够使用。

JavaScript 同样包含大量的系统函数可供使用，不过一般我们将函数分为几类，有数学函数、时间函数、字符串函数等，不过在 JavaScript 中更习惯将这些分类称为数学对象、时间对象和字符串对象，如图 7-1 所示。

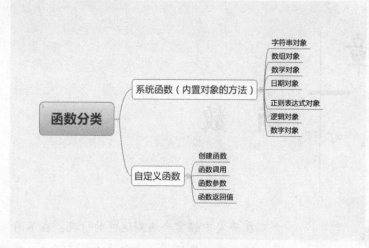

图 7-1　函数分类结构图

　　系统函数能够满足开发中的一些基本需求，比如获取一组数的最大值、最小值等，熟练掌握系统函数的使用能够让我们的编程更快速和高效。不过在实际项目开发中，我们会遇到针对项目的特殊需求，此时系统函数就不能满足我们的需求了，就需要开发者自己定义函数来解决开发中遇到的问题，那么这类由开发者自己定义的函数就被称为自定义函数。

　　JavaScript 的函数就分为这两类：一类是系统函数；另一类是自定义函数。在前几章的讲解中，我们就用到了 alert() 对话框函数、toString() 字符串函数、parseInt() 数值函数等。

　　在本节中，各位读者只需明白 JavaScript 中有丰富的系统函数可供我们使用即可。至于有哪些系统函数、如何使用、注意事项等知识，笔者会在第 8～10 章进行详细讲解。

　　提醒：在 JavaScript 中，函数与方法其实表达的含义相同，一般将全局函数称为函数。如果一个函数被当作对象的属性出现，那么开发者更习惯将其称为对象的方法或对象的行为，简称方法或行为。

7.2　自定义函数

　　自定义函数是开发者自己定义的函数，其代码处理逻辑由开发者指定，用来满足项目开发中一些特定的需求。本节主要讲解如何创建和使用函数。

7.2.1　函数的创建和调用

　　语法格式：

```
function 函数名(形式参数 1,形式参数 2,...,形式参数 n ){
```

```
语句;
return 返回值;
}
```

诸位读者应该还记得笔者之前提到的函数声明语句，上述语法格式就是这种形式。声明函数大致可以分为三部分，分别是函数名、形式参数、函数体（大括号包裹的区域）。

其中，函数名与标识符的定义规则一致，可以是数字、字母、下画线、美元符，首字符不能是数字；在定义函数时，要尽量选择描述性强而又简洁的函数名，一般我们会使用动词或以动词为前缀的词语定义函数，因为函数是由一系列可执行的语句组合而成的，比如我们可以将其命名为 say、run、getData 等。

形式参数，顾名思义，其相当于一个占位符，不具有实际作用，所以它是可选的；与其对应的还有实际参数，在下一小节中我们再进行详细讲解。

函数体即我们需要的可以重复使用的代码，我们可以将需要重复的代码编写在其中。通常情况下，函数体中的 return 用于返回一个数据值，当然你也可以单纯地执行一段语句。

学习完基本格式后，我们来创建一个函数，如图 7-2 所示。

```
1  <!DOCTYPE html>
2  <html>
3  <head>
4      <meta charset="UTF-8">
5      <title>兄弟连IT教育</title>
6  </head>
7  <body>
8      <script>
9          // 实现10的阶加
10         function cumulative(){
11             var count = 0;
12             for(var i=0;i<=10;i++){
13                 count += i;
14             }
15             return count;
16         }
17
18         alert(cumulative());
19     </script>
20 </body>
21 </html>
```

图 7-2 函数示例

上例中我们就封装了一个函数，它的功能就是实现 10 的阶加，并让其返回一个值。那么，怎么使用这个已经封装好的函数呢？

函数调用的语法格式如下：

```
函数名(实际参数 1,实际参数 2,...,实际参数 n);
```

只需以函数名加小括号的形式对其进行调用即可，实际参数根据形式参数进行省略或者指定。那么，针对上例中的函数，我们可以直接在函数下方使用函数名调用即可，其最终显示效果如图 7-3 所示。

```
alert(cumulative());
```

图 7-3　函数调用示例效果

需要注意的是，函数在创建之后不会自动执行，只有在调用之后才会执行函数体中的语句。其特点可以概述为"不调用，不执行"，这点需要诸位读者记住。

7.2.2　参数

相信大家在看完上例之后，能够轻松地创建一个函数并进行调用，但有没有想到上述例子中的不足呢？在上例中，我们只能获取 10 的阶加，如果我们想要获取 20 的阶加、30 的阶加乃至任何指定数的阶加呢？显然，上述例子就不能满足要求。那么接下来，笔者将介绍如何让函数变得灵活起来。

参数就用来解决刚才的问题，能够让函数变得灵活起来。参数分为形式参数和实际参数，形式参数不具有实际值，仅作为占位符存在，用于函数体的语句中；实际参数具有实际值，在调用时会对形式参数进行一一对应赋值，然后被用于函数体的语句中。下面笔者将上例中的代码进行改写，让读者能够指定参数来获取指定数的阶加，如图 7-4 和图 7-5 所示。

```html
1 <!DOCTYPE html>
2 <html>
3 <head>
4     <meta charset="UTF-8">
5     <title>兄弟连IT教育</title>
6 </head>
7 <body>
8     <script>
9         function cumulative(number){
10             var count = 0;
```

图 7-4　形参与实参使用示例代码

```
11              for(var i=0;i<=number;i++){
12                  count += i;
13              }
14              return count;
15          }
16
17          alert(cumulative(20));
18      </script>
19 </body>
20 </html>
```

图 7-4　形参与实参使用示例代码（续）

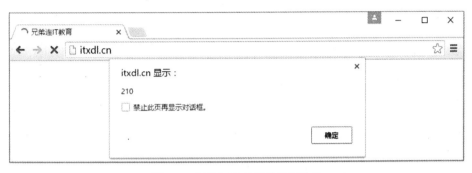

图 7-5　形参与实参使用示例效果

在上例中，可以看到，在声明函数时，笔者设置了一个形参 number，在函数体中就用到了 number，此时它不具有任何具体的值，仅作为一个占位符存在。在调用时，笔者传递了一个实参 "20"，这个实参会赋值给形参 number，然后执行一次函数体中的语句，最终返回一个数值 "210"。

其实参数可以设置多个，只需将多个参数使用逗号进行分隔即可。

在上例中，相信诸位读者也能够看出来，形参与实参是相互依存的，在函数调用时，实参会对形参进行一一赋值。这时，各位读者可能会问：如果不传递参数、多传递参数或者少传递参数会导致语法错误吗？答：不会。

按笔者之前所述的逻辑执行一下，你就明白了。我们接着使用上例来讲，上例中设置了形参 number，当我们不传递实参时，number 就没有被赋值，它默认为 undefined，在比较运算中会自动转换为数值 0，而程序还是可以执行的；而当我们传递多个实参时，没有形参与之对应，会默认被抛弃，这时程序依然是可以执行的。

当我们不传递实参时，它的效果如图 7-6 所示。

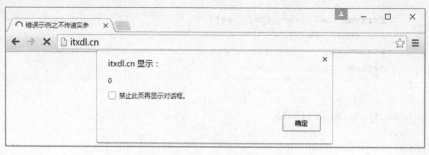

图 7-6　错误示例之不传递实参

如果我们想要提高代码的容错率，则可以这样做：给形参指定一个默认值，当实参存在时，我们使用整个实参；当实参不存在时，我们使用默认值。针对这种默认值我们进行过手动处理，现在只需为形参赋值就能达到这种效果。下面笔者将这两种方法书写出来，如图 7-7～图 7-10 所示。

```html
1  <!DOCTYPE html>
2  <html>
3  <head>
4      <meta charset="UTF-8">
5      <title>兄弟连IT教育</title>
6  </head>
7  <body>
8      <script>
9          // 自动处理
10         function cumulative(number = 10){
11             var count = 0;
12             for(var i=0;i<=number;i++){
13                 count += i;
14             }
15             return count;
16         }
17         alert(cumulative());
18     </script>
19 </body>
20 </html>
```

图 7-7　参数默认值之简写格式代码

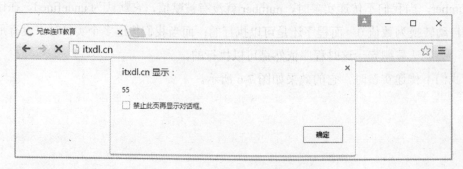

图 7-8　参数默认值之简写格式效果

```
1  <!DOCTYPE html>
2  <html>
3  <head>
4      <meta charset="UTF-8">
5      <title>兄弟连IT教育</title>
6  </head>
7  <body>
8      <script>
9          // 自动处理
10         function cumulative(number){
11             if(typeof number === "undefined"){
12                 number = 10;
13             }
14             var count = 0;
15             for(var i=0;i<=number;i++){
16                 count += i;
17             }
18             return count;
19         }
20         alert(cumulative());
21     </script>
22 </body>
23 </html>
```

图 7-9　参数默认值之手动处理代码

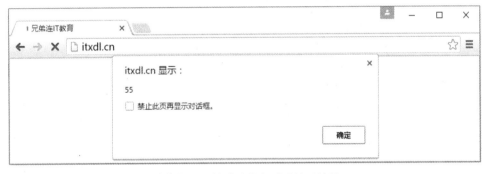

图 7-10　参数默认值之手动处理效果

简写格式是在最新的 ES6 标准中实现的效果，目前大部分浏览器都实现了这种格式。手动处理是在 ES6 之前我们经常使用的一种方法，相信读者在学习完流程控制语句之后，对 if 语句已经有所了解，在图 7-9 中笔者就使用了 if 语句对形参进行判断，如果未指定，则对其赋值；否则使用指定的实参即可。

上例其实是不完善的，诸位读者有没有想过，如果传递一个非数值类型的参数，那么该脚本还是会出现一些问题。运用我们之前所学的所有知识，你可以将其完善起来，比如将非数值类型转换为数值类型，这里笔者就不做详细演示了。

7.2.3 返回值

对于函数外部而言，函数内部是不可见的，它们需要一种沟通机制，参数就是它们沟通的桥梁。通过参数，外部语句可以传递不同的数据给函数处理，就像上面演示的那样。

参数也是一种变量，但这种变量只能被函数体内部的语句使用，并在函数调用时被赋值。

除了参数，返回值也是函数的组成部分。参数是外部语句对函数内部语句的信息传递，而返回值恰好相反。在先前的阶加函数中，函数返回了不同数字的阶加的运行结果，并将结果赋值给变量。返回值可以是任何类型的数据，包括所有基本数据类型和引用数据类型。

和参数一样，return 语句并不是必要的，也许函数体内的语句只是想显示一句话而已，那就不需要返回值。但即使不写 return 语句，函数本身也会有返回值 undefined。

7.3 函数的特殊类型

除一般的函数外，函数还有多种特殊形式，如自执行函数、回调函数等，这在复杂的项目中经常会出现。那么接下来笔者就来进行解答。

7.3.1 函数表达式

表达式最终会返回一个值，函数表达式返回的数值就是其本身。其格式与函数声明语句一致，只不过函数表达式可以将函数名省略。其语法格式如下：

```
function () {
函数体;
return 返回值;
}
```

函数表达式返回的值就是其本身，那么我们就可以将其赋值给一个变量，如图 7-11 和图 7-12 所示。

```
1 <!DOCTYPE html>
2 <html>
3 <head>
4     <meta charset="UTF-8">
5     <title>兄弟连IT教育</title>
6 </head>
7 <body>
8     <script>
```

图 7-11 函数表达式示例代码

```
 9        var say = function(){
10            alert("兄弟连IT教育");
11        }
12        console.log(say);         // 在控制台输出函数值
13        say();                    // 使用变量调用函数
14    </script>
15 </body>
16 </html>
```

图 7-11　函数表达式示例代码（续）

图 7-12　函数表达式示例效果

在上述代码中我们可以看到，当我们输出一个函数表达式时，它返回的就是其本身；当我们将其赋值给一个变量时，则可以通过函数调用的方式来使用这个变量。利用这种函数表达式，我们可以延伸出很多特殊数据类型。接下来笔者就来介绍一下几种函数的特殊类型。

7.3.2　自执行函数

自执行函数，其名称与含义相同，在脚本执行时会进行自动调用。同时，自执行函数的创建步骤和执行步骤是在一起进行的，而且仅在程序中执行一次。其书写格式如下：

```
(function(参数 1,参数 2,...,参数 n){
    语句;
})([参数 1,参数 2,...,参数 n]);
```

自执行函数的语法结构可以根据符号分为两个区域：第一对小括号和第二对小括号。第一对小括号内是一个匿名函数，第二对小括号内是传入的实参。对于初学者来说可能有点难以理解，不过不要被其假象所吓倒，下面笔者来分析一下到底该如何去理解。

➢ 第一步，我们看到整体是由两个小括号进行包裹的，先要了解小括号运算符的含义，其含义有三种，分别为函数调用、提高优先级、将代码划分为一个整体。

➢ 第二步，看第一对小括号，其不符合函数调用的语法，这里也不涉及运算，那么它的作用是将匿名函数划分为一个整体。为什么要划分整体呢？因为 function 默认会解析为函数声明语句，而没有函数名是不符合函数声明语句的，所以要告诉 JavaScript 引擎，在这里不要当作函数声明语句来进行解析。

➢ 第三步，看第二对小括号，其作用是函数调用或者划分整体。函数调用的方法是函数名后跟一对小括号，小括号内可以传递若干个参数。在第一对小括号中是一个函数整体。在其后紧跟一对小括号，这完全符合函数调用的语法。

既然分析完毕，那么我们不妨写一个实例，来看一下是否与预期的一致，如图 7-13 和图 7-14 所示。

```
1  <!DOCTYPE html>
2  <html>
3  <head>
4      <meta charset="UTF-8">
5      <title>兄弟连IT教育</title>
6  </head>
7  <body>
8      <script>
9          (function(num1,num2){        // 定义两个形参
10             alert(num1 * num2);       // 弹出对话框，结果：25
11         })(5,5);                      // 传递实参5,5
12     </script>
13 </body>
14 </html>
```

图 7-13　自执行函数示例代码

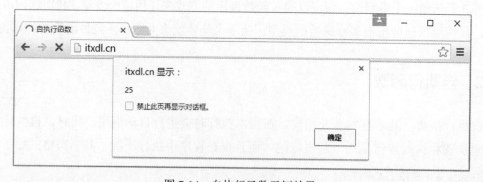

图 7-14　自执行函数示例效果

与预期的一致，当执行脚本时，自执行函数能够直接运行。

7.3.3　回调函数

JavaScript 最大的特点是在用户的交互上，网页的交互是通过各种事件进行处理的，常

170

见的事件有鼠标点击事件、双击事件、键盘事件等，这类事件触发之后又是通过事件处理程序进行处理的，事件处理程序一般都是函数。那么，在网页中触发的事件就会委托给函数进行处理，这个函数就被称为回调函数。

可以看到，回调函数实质就是通过事件或函数被触发来执行的。让我们来写一个简单的点击事件，具体示例代码和效果如图 7-15 和图 7-16 所示。

```
1  <!DOCTYPE html>
2  <html>
3  <head>
4      <meta charset="UTF-8">
5      <title>兄弟连IT教育</title>
6  </head>
7  <body>
8      <button onclick="clickButton()">按钮</button>
9      <script>
10         function clickButton(){
11             alert("您点击了按钮！");
12         }
13     </script>
14 </body>
15 </html>
```

图 7-15 回调函数使用示例代码

图 7-16 回调函数使用示例效果

当我们点击按钮时，就会触发 onclick 事件，该事件委托给 clickButton()函数进行处理，最后会在网页中弹出一个对话框，显示"您点击了按钮！"。

在上例中，通过事件演示了回调函数的执行步骤，其实我们自己也可以实现回调函数，并且在回调函数中还可以再次使用回调函数。从技术上来讲是可以无限嵌套下去的，但是不建议有太多层的嵌套，这样会影响执行效率，同时耦合性太强，一旦出错，排错比较困难。在生活中，我们常用到的一个是计算器，假设它包含四则运算，而四则运算是分开的、独立的函数，计算器在计算时通过回调函数调用它们。那么，程序该如何设计呢？示例代码和效果如图 7-17 和图 7-18 所示。

```
1  <!DOCTYPE html>
2  <html>
3  <head>
4      <meta charset="UTF-8">
5      <title>兄弟连IT教育</title>
6  </head>
7  <body>
8      <script>
9          // 定义一个求和函数
10         function sum(number1,number2){
11             return number1 + number2;          // 返回两个数的和
12         }
13
14         // 定义计算器函数，第3个参数是一个回调函数
15         function caculate(num1,num2,callback){
16             return callback(num1,num2);         // 调用回调函数处理
17         }
18
19         alert(caculate(1,2,sum));                // 结果：3
20     </script>
21 </body>
22 </html>
```

图 7-17　回调函数之算术运算示例代码

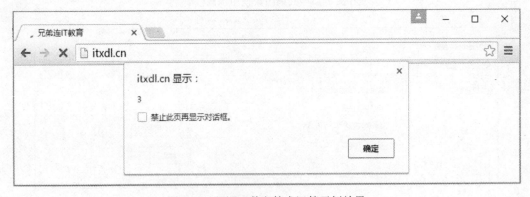

图 7-18　回调函数之算术运算示例效果

　　在上例中，我们定义了一个计算器函数，为了简洁易懂，笔者仅写出了计算器函数和加法运算的函数。可以看到，在计算器函数中，第三个参数是回调函数 callback()，在函数体中通过调用回调函数将两个数的和返回给调用者，最终结果为 3。其执行步骤如图 7-19 所示。

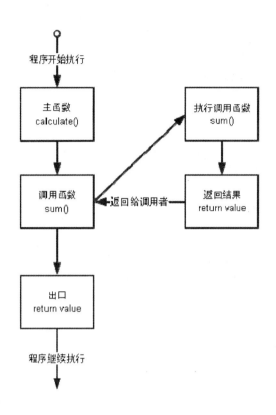

图 7-19　回调函数执行步骤解析

7.3.4　递归函数

递归是编程中的一个重要概念,虽然在使用上很少见,但一些复杂的操作还是需要使用递归思想的。在 JavaScript 中递归函数的实现方式就是在函数体中调用其函数自身,也可以称之为函数的自调用。

在数学界的递归思想中有一个典型的案例,就是数的阶乘,其含义就是小于等于该数的所有正整数的乘积。下面我们通过 JavaScript 的编程方式来实现一下。假设今天数学老师给大家留了一个作业,求出数字 10 的阶乘。对于一名 JavaScript 的初学者而言,在看到题目之后,可能从数学的角度很容易写出公式来,但从编程的角度可能会有点无所适从,那么笔者就带领大家一步一步地进行解题分析。

首先考虑阶乘的概念,10 的阶乘从分解来看就是"10×9×8×7×6×5×4×3×2×1",其规律不言自明,就是"$n×(n-1)$"的重复执行,n 的值依次递减,直到 $n-1$ 等于 0 时才会结束。那么,我们就以 2 的阶乘为例,先做出一个样板函数,然后再逐步完善,如图 7-20 所示。

```
1  <!DOCTYPE html>
2  <html>
3  <head>
4      <meta charset="UTF-8">
5      <title>兄弟连IT教育</title>
6  </head>
7  <body>
8      <script>
9          function factorial(number){
10             if(number - 1== 0){
11                 return 1;
12             }
13             return number * number - 1;
14         }
15     </script>
16 </body>
17 </html>
```

图 7-20　样板函数

当做完上面的函数之后，可以很轻松地解决 2 的阶乘。但此时我们需要思考，当这个函数被用于 3 的阶乘、4 的阶乘甚至更多的阶乘时，它所面临的问题是什么？然后进行假设，如果这个函数被用于 10 的阶乘，则返回"10×9"，其表达式就是"10×(10-1)"，而正确的 10 的阶乘是"10×9×8×7×6×5×4×3×2×1"，如果想要返回正确的结果，则只需将"(10-1)"变成"9×8×7×6×5×4×3×2×1"即可。那么，该如何进行转换呢？

我们不妨找一下规律。如果参数为"(10-1)"，则返回的是"3×2"，换句话说就是 3 可以通过 factorial()函数转换为"3×2"，以此类推，2 就可以替换为"2×1"。最后把我们获得的规律改写成一个可以计算任意数阶乘的函数，如图 7-21 和图 7-22 所示。

```
1  <!DOCTYPE html>
2  <html lang="en">
3  <head>
4      <meta charset="UTF-8">
5      <title>阶乘函数</title>
6  </head>
7  <body>
8      <script>
9          function factorial(number){
10             if(number <= 1){
11                 return 1;
12             }
13             return number * factorial(number - 1);
14         }
15         console.log(factorial(10));          // 结果：210
16         console.log(factorial(5));           // 结果：120
17         console.log(factorial(10));          // 结果：3628800
18     </script>
19 </body>
20 </html>
```

图 7-21　阶乘函数示例代码

图 7-22　阶乘函数示例效果

果不其然，我们实现了可以计算任意数的阶乘，其中我们通过 if 语句中 number<=1（只有正整数才能计算阶乘）的条件判断来控制递归函数的结束位置。递归函数虽然复杂，但对一些问题有奇效，读者可根据递归函数的特点及编码需要来使用。递归函数的特点可以总结如下：

> 使用时需要配合流程控制语句，需要有一个不断变化的值来当作判断条件，这样递归才能结束。
> 耦合性强，自执行函数互相依赖度高，上一个问题依赖于下一个问题的解决。
> 执行效率低下。

7.3.5　构造函数

构造函数也属于函数，其经常被用于创建内置对象，比如创建一个字符串 new String()、创建一个数组 new Array()。它通常作为一种创建方式存在，但其实构造函数不仅仅是一种创建方式，也是一种初始化的方式。本小节不做过多的介绍和解析，在 8.2.2 节中会对构造函数进行详细的剖析。

函数作用域

7.4.1　局部变量

在网页中，JavaScript 代码默认在全局作用域下，与之关联的对象就是全局对象 window；当我们创建函数时，函数就是一个局部作用域，与之关联的对象就是这个函数对象。创建一

个函数相当于在全局作用域下开辟一块区域用作局部作用域，创建多个函数意味着创建了多个局部作用域；同时在函数中可以嵌套创建函数，这意味着在局部作用域下还可以拥有若干个局部作用域。如图 7-23 所示的作用域示意图就很好地阐释了这种关系。

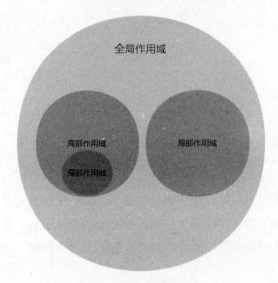

图 7-23　作用域示意图

在全局和局部作用域下声明的变量，分别被称为全局变量和局部变量，它们就存储在与作用域关联的对象中。全局变量与局部变量是有区别的，它们的特点如下：

> 在全局作用域下声明的变量具有全局性，在任意位置都可以获取，包括在局部作用域下。
> 在局部作用域下声明的变量具有局部性，仅能在该作用域下使用，在全局作用域下无法使用。
> 全局变量与局部变量同名时可共存，不会发生后者覆盖前者的事件。

下面笔者依次举例进行详细说明。

7.4.2　变量的访问机制

示例代码和效果如图 7-24 和图 7-25 所示。

```
1 <!DOCTYPE html>
2 <html>
3 <hcad>
4     <meta charset="UTF-8">
5     <title>兄弟连IT教育</title>
```

图 7-24　变量的访问机制示例代码

```
 6 </head>
 7 <body>
 8     <script>
 9         /* 全局变量在任何位置都可以访问 */
10         var name = "兄弟连IT教育";
11         function getName(){
12             alert(name);
13         }
14         getName();                    // 结果：兄弟连IT教育
15     </script>
16 </body>
17 </html>
```

图 7-24　变量的访问机制示例代码（续）

图 7-25　变量的访问机制示例效果

在上例中，其执行步骤是这样的：第一步，寻找该作用域下的局部变量，若找到则返回对应值，否则回到其上一级作用域下寻找；第二步，进入上一级作用域，寻找同名的变量，若找到则返回对应值，否则返回 undefined；第三步，继续执行第二步，直到到达顶级作用域，如图 7-26 所示。

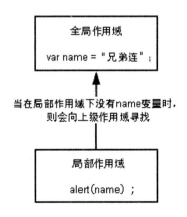

图 7-26　局部作用域寻值示意图

那么诸位读者可以想象一下，如果在局部作用域（二级作用域）下再创建一个函数（三级作用域），则会在局部作用域下又生成一个局部作用域，那么它的寻值优先级就是"本作用域>二级作用域>顶级作用域"。可以看出局部作用域是可以无限级嵌套的，但也会产生耦合和内存占用过大等弊端，不建议这样做。

7.4.3 变量的生命周期

示例代码和效果如图 7-27 和图 7-28 所示。

```html
1  <!DOCTYPE html>
2  <html>
3  <head>
4      <meta charset="UTF-8">
5      <title>兄弟连IT教育</title>
6  </head>
7  <body>
8      <script>
9          /* 局部变量仅能在局部作用域下使用 */
10         function say(){
11             var words = '让学习成为一种习惯';
12             console.log(words);
13         }
14         say();                      // 结果：让学习成为一种习惯
15         console.log(wrods);         // 报错：words is undefined
16     </script>
17 </body>
18 </html>
```

图 7-27 变量的生命周期示例代码

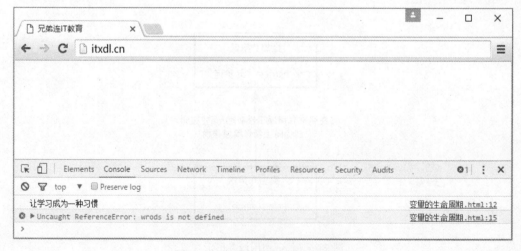

图 7-28 变量的生命周期示例效果

函数最重要的一个特点就是不调用不执行，从上例中可以看出，当在外部使用已经执行过的局部变量时依然是不可行的，这涉及局部变量的生命周期问题。全局变量的生命周期较长，只有当脚本结束或人为删除时，才会清除全局变量的内存占用；而局部变量的生命周期较短，当函数执行时，局部变量产生，当函数执行完毕后，局部变量会被回收，清空内存。这种垃圾回收机制虽节省了内存的开支，但也导致在全作用域下无法访问局部变量，同时这种机制也成就了自执行函数，我们的历史遗留问题"为什么使用自执行函数而不是直接写代码"也可以得到一个合理的解释。

7.5 闭包

在 ECMAScript 标准中给出的解释是：闭包是一个拥有许多变量和绑定了这些变量的环境的表达式（通常是一个函数），因而这些变量也是该表达式的一部分。相信很多人对前面的概念都是一头雾水，因为这未免太官方和学术性了，那么笔者就从一个较为通俗的角度来分析一下什么是闭包。

通俗地说，在 JavaScript 中每个函数都是一个闭包。因为函数生成了一个局部作用域，在局部作用域下可以声明一系列变量、函数，同时可以在局部作用域下访问已声明的变量和函数，并且在嵌套函数中服从作用域链的规则；而这种操作在局部作用域外是无法实现的。那么这个由作用域范围定界，生成的一块保存若干变量和函数的数据包就可以被称为一个闭包。

闭包是将一系列变量和变量环境进行保存，是为了在外部访问到闭包中的变量。那么，通过什么方法能够在外部访问内部的变量呢？让我们来看一个例子，如图 7-29 和图 7-30 所示。

```
1 <!DOCTYPE html>
2 <html>
3 <head>
4     <meta charset="UTF-8">
5     <title>兄弟连IT教育</title>
6 </head>
7 <body>
8     <script>
9         function closure(){
10            var name = "闭包";
11            return function (){
12                alert(name);
13            }
14        }
```

图 7-29　闭包示例代码

179

```
15      var foo = closure();        // 返回嵌套的对象
16      foo();                      // 结果：闭包
17    </script>
18 </body>
19 </html>
```

图 7-29　闭包示例代码（续）

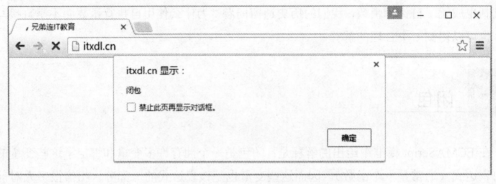

图 7-30　闭包示例效果

从上例中可以看出，通过嵌套函数的方法获取到了局部变量，这样生成的闭包才算是一个可用的闭包。这是一般闭包的形式，它也展现了闭包的一个特性——可以读取局部变量。除了这个重要的特性，闭包还有 另一个重要的特性——将值保存在内存中。这个特性经常会用到，有一个经典的计数器例子可以说明，如图 7-31 和图 7-32 所示。

```
1 <!DOCTYPE html>
2 <html>
3 <head>
4     <meta charset="UTF-8">
5     <title>兄弟连IT教育</title>
6 </head>
7 <body>
8     <script>
9         function addOne(){
10            var count = 0;           // 初始化局部变量
11            return function(){
12                return count++;       // 局部变量累加1
13            }
14        }
15        var getCount = addOne();     // 创建一个闭包
16        console.log(getCount());     // 结果：0
17        console.log(getCount());     // 结果：1
18        console.log(getCount());     // 结果：2
19    </script>
20 </body>
21 </html>
```

图 7-31　经典计数器示例代码

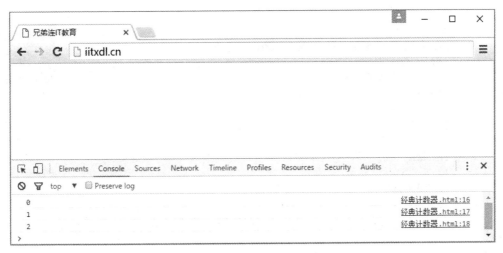

图 7-32　经典计数器示例效果

在上例中我们想实现每次使用闭包则计数器累加 1，并且能够将值保留在内存中；原则上，在函数调用后，局部变量会被垃圾回收机制回收并清空，但在上例中我们通过闭包实现了变量累计，使局部变量的生命周期得以延长。实际上，当使用 "var getCount=addOne()" 这样的语句创建闭包时，创建了一个变量并指向内存，在内存中会存储闭包中所有的变量。当函数调用完成后，这层引用关系依然存在。闭包的这一特性使它有一个缺陷，即可能会引起内存的过多消耗，导致内存泄漏。

7.6　ES6 函数新特性

在 ES6 中添加了很多函数的新特性，这些特性的使用能够大大简化之前的 JavaScript 代码，在开发效率上也有明显的提高。常见的新特性有函数的默认值、rest 参数、箭头函数等。本节笔者将讲述部分常用的 ES6 函数新特性。

7.6.1　rest 参数

ES6 引入 rest 参数（形式为 "...变量名"），用于获取函数的多余参数，这样就不需要使用 arguments 对象了。rest 参数搭配的变量是一个数组，该变量将多余的参数放入数组中。

具体使用示例如图 7-33 所示。

```
 8 <script>
 9        function add(...values) {
10        // 声明局部变量，用于保存数值
11        let sum = 0;
12        // 循环参数遍历数据
13        for (var val of values) {
14            sum += val;
15        }
16        // 返回总和
17        return sum;
18        }
19        // 调用函数
20        var num = add(2, 5, 3);
21        console.log(num);          // 控制台输出：10
22 </script>
```

图 7-33　rest 参数示例代码

上述代码中的 add()函数是一个求和函数，利用 rest 参数可以向该函数传入任意数目的参数，而且可以在函数内部使用。

需要注意一点，在 rest 参数之后不能再有其他参数（只能是最后一个参数），否则会报错。

7.6.2　箭头函数

在 ES6 以前，函数必须使用 function 关键字进行声明；而在 ES6 的新特性中，允许使用"箭头"（=>）定义函数，使语法变得更加简洁。其语法格式如下：

```
var f = v => v;
```

上面的箭头函数等同于

```
var f = function(v) {
  return v;
};
```

可以看到，在之前需要 3 行代码，现在仅需 1 行代码即可完成该功能。如果箭头函数不需要参数或需要多个参数，则使用一对圆括号代表参数部分。示例如下：

```
var f = () => 5;
// 等同于
var f = function() {
  return 5;
 };

var sum = (num1, num2) => num1 + num2;
// 等同于
var sum = function(num1, num2) {
```

```
    return num1 + num2;
};
```

如果箭头函数的代码块部分多于一条语句，就要使用大括号将它们括起来，并且使用 return 语句返回。示例如下：

```
var sum = (num1, num2) => {
  return num1 + num2;
}
```

由于大括号被解释为代码块，所以如果箭头函数直接返回一个对象，则必须在对象外面加上括号。示例如下：

```
var getSomething = id => ({ name: "兄弟连 IT 教育" });
```

下面通过一个实例来了解一下箭头函数的魅力，如图 7-34 所示。

```
 8 <script>
 9     // 定义两个箭头函数，判断参数是否为奇数和偶数
10     const isEven = n => n % 2 == 0;
11     const square = n => n * n;
12     // 调用箭头函数，输出相应结果
13     document.write("<h1>", isEven(10), "</h1>");      // 判断是否为偶数
14     document.write("<h1>", isEven(11), "</h1>");      // 判断是否为奇数
15 </script>
```

图 7-34　箭头函数示例代码

上述代码在第 10、11 行定义了两个简单的工具函数。如果不用箭头函数，可能就要占用多行，而且还不如现在这样写醒目。上述代码的运行效果如图 7-35 所示。

图 7-35　箭头函数示例效果

本章小结

> 函数创建、参数、返回值均为函数的重要组成部分。函数是一种特殊的数据类型，它从属于对象，其值为函数表达式，即函数声明语句。

➢ 自执行函数、回调函数、递归函数、构造函数为特殊的函数类型，这几种特殊的函数类型经常被用于项目之中，其中回调函数经常被用于绑定事件，比如点击事件、双击事件、键盘事件等。

➢ 函数作用域。每个函数本身包含一个函数作用域，即局部作用域。局部作用域下的变量不能被其他作用域访问，但在局部作用域下可以访问全局作用域下的变量。

➢ 闭包。闭包是一个拥有许多变量和绑定了这些变量的环境的表达式（通常是一个函数），因而这些变量也是该表达式的一部分。

本章习题及其答案

本章资源包

本章扩展知识

课后练习题

一、选择题

1. 对于 JavaScript 中函数的描述，错误的是（　　）。

A. 使用关键字 function 创建函数

B. 函数大致可以分为三部分，分别是函数名、形式参数、函数体（大括号包裹的区域）

C. 参数分为形式参数和实际参数，简称为形参和实参。实参作为占位符存在，形参在调用时使用

D. 对于函数外部而言，函数内部是不可见的，它们需要一种沟通机制，参数就是它们沟通的桥梁

2. 以下选项能够正确创建函数的是（　　）。

A. var foo = function(){}　　　　　　B. function(){}

C. new function()　　　　　　　　　　D. foo function(){}

3. 对于函数返回值的描述，正确的是（　　）。

A. 在函数体内使用关键字 break 返回指定的值

B. 在调用函数时需要指定返回值

C. 在函数体中可以使用 return 返回指定值

D. 当没有指定返回值时，其默认值为 null

4. 对于自执行函数的描述，错误的是（　　）。

A. 自执行函数是在脚本执行时自动调用的函数

B．自执行函数的创建步骤和执行步骤是在一起进行的

C．仅在程序中执行一次

D．自执行函数无须调用则自动执行

5．以下对函数作用域的描述，错误的是（　　）。

A．JavaScript 代码默认在全局作用域下，与之关联的对象就是全局对象 window

B．当创建函数时，函数就是一个局部作用域，与之关联的对象就是这个函数对象

C．在全局作用域下可以访问局部作用域下的变量

D．在局部作用域下可以访问全局作用域下的变量

6．对于函数作用域中变量的生命周期，描述正确的是（　　）。

A．在函数调用之前，函数作用域中的变量已经被创建好

B．在函数调用后，函数作用域内的变量不会消失

C．在函数调用时，函数作用域中的变量会即时创建

D．在首次进行函数调用后，函数作用域中的变量将维持；当第二次调用时会自动清除，并重新建立

7．对于递归函数的描述，正确的是（　　）。

A．递归函数的实现方式就是在函数体中调用其函数自身

B．递归函数的实现方式是调用多个函数

C．递归函数应该被经常使用，不存在性能消耗

D．递归函数自调用，函数互相依赖度低

8．在 ES6 标准中，对于 rest 参数的描述，错误的是（　　）。

A．用于获取函数的多余参数，这样就不需要使用 arguments 对象了

B．rest 参数搭配的变量是一个数组，该变量将多余的参数放入数组中

C．rest 参数之后不能再有其他参数

D．rest 参数之前不能再有其他参数

9．在 ES6 标准中，对于箭头函数的描述，错误的是（　　）。

A．允许使用"箭头"（=>）定义函数，具有语法简洁的特点

B．箭头函数的代码块部分多于一条语句时，就要使用大括号将它们括起来，并且需要使用 return 返回值

C．如果箭头函数不需要参数或需要多个参数，就需要使用一对圆括号代表参数部分

D．箭头函数不能定义多条语句，如果需要多条语句，则需要使用原始函数声明方式

10．对于函数描述错误的是（　　）。

A．函数分为系统函数和自定义函数，其中系统函数是 JavaScript 语言本身的函数

B．函数的作用是让一段代码块能够通过简单的方式重复执行

C．函数可以通过传递参数的方式变得更加灵活

D. 只要声明了函数，那么它就会在声明时自动调用一次，然后维持在程序之中

二、简答题

1. 简述自定义函数创建的步骤及注意事项。
2. 使用自定义函数模拟计算的加减乘除操作。

第8章

对 象

在 JavaScript 中，对象作为数据类型之一，它的数据结构区别于其余 5 种基本数据类型。从数据结构的角度看，对象就是数据值的集合，其数据结构就是若干组名值对，类似于其他语言中的哈希、散列、关联数组等。但对象在 JavaScript 中不仅仅扮演着数据类型的角色，同时也是 JavaScript 语言的实现基础，可通过内置对象实现各种操作，比如数学对象用于很多数学计算、日期对象用于获取时间等，因此 JavaScript 也被称为基于对象的编程语言。

在 JavaScript 中，对象的意义重大。本章笔者会首先讲述对象的含义、作用及基本使用，然后再逐一详细讲述创建对象、对象属性、对象的使用及对象的存储和释放。

本章二维码里面包括：

1. 本章的学习视频。

2. 本章所有实例演示结果。

3. 本章习题及其答案。

4. 本章资源包（包括本章所有代码）下载。

5. 本章的扩展知识。

本章二维码

8.1 理解对象

笔者设置本节的目的在于让各位读者理解三个问题：什么是对象？对象有什么用？如何使用对象？接下来笔者就来进行逐一解答。

细说 JavaScript 语言

8.1.1　什么是对象

从前面所学的知识来看，各位读者应该知晓了对象是 JavaScript 的数据类型之一。每种数据类型都有其存储数据的结构，对象的数据结构就是若干组名值对的集合，或者说是从字符串到值的一种映射关系表。其结构如图 8-1 所示。

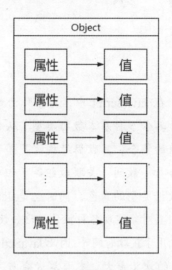

图 8-1　对象的数据结构示意图

每个属性名都对应着一个数据值，这种从属性名到值的映射关系就是对象存储数据的结构。这种数据结构在其他编程语言中也常被称为散列、散列表、哈希表、关联数组等。

这种数据结构与其他基本数据类型相比，优越性在于它的数据是动态的、可修改的，这表现在新增属性、删除属性上，至于添加和删除的方法，我们会在后面的小节中详细讲解。同时，它的优越性还体现在对象的值可以是任意数据类型，包括对象，这也意味着对象数据的灵活性、开放性。

对象除了是一种数据结构，它在 JavaScript 中还有另一个功能，就是编程设计的一种模式。在本章开篇笔者也提到过 JavaScript 被称为基于对象的编程语言,这句话是什么意思呢？

一言以蔽之，就是用对象的数据结构实现了 JavaScript 语言设计。在浏览器中的全局对象就是 window，不过我们在编程时都省略了 window 对象。那么我们来看一个经常使用的全局函数 alert() 的全写格式，如下：

```
window.alert(typeof window);
```

它的效果与单独使用 alert() 一样，如图 8-2 所示。

188

图 8-2 基于对象编程模式示例效果

从上例中可以看出 window 是一个对象，alert 作为 window 对象的一个属性存在。其实，window 对象中包含 JavaScript 中的所有方法，因为 window 对象是浏览器的一个全局对象，JavaScript 所有开发的编码都是在这个全局对象下完成的，或者说是挂载在这个 window 对象下的。

综上所述，JavaScript 是基于对象的编程语言这种说法各位读者应该有所了解了。所以说对象并不仅仅是一种数据类型，还是 JavaScript 语言设计的思路。

8.1.2 对象有什么用

对象这种特殊的数据结构能够弥补其他数据类型存储信息不足的问题。我们可以使用对象来存储大量的数据，或者一组相关联的数据。比如我们经常输入的个人信息就可以使用这种方式来存储，如图 8-3 所示。

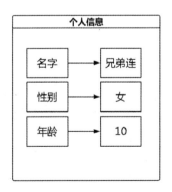

图 8-3 使用对象存储的个人信息

如果是一个班级的学生信息，那么我们可以将每位学员的信息放置在一个单独的对象中，以学号作为属性名，以个人信息对象为属性值组合成一个大对象，那么这组相关联的数据就能够更加灵活地使用了。

除了存储数据的功能，对象的功能还包括网络上的数据传输。如果读者接触过接口，那么一定能够很好地理解 JSON 这个名词。

JSON（JavaScript Object Notation）是 JavaScript 的一个子集，但 JSON 是独立于语言的一种文本格式，其采用了类似 C 语言家族的一些习惯。大部分编程语言也都支持 JSON 数据的解析与编码，比如 PHP 的 json_decode 和 json_encode。JSON 数据具有足够轻量、简洁、易读等特性，使得它逐渐成为网络数据传输的一种重要的数据结构。

JSON 数据结构与对象保持一致，对象的字面量表示就相当于一个 JSON 数据，这种数据传输起来更为轻便。下面笔者就来将个人信息的例子改写成真实可用的 JSON 数据，如下：

```
{"name":"兄弟连","sex":"女","age":10}
```

上述代码我们能够轻易地读懂，并且 JSON 所占用的字节很少，这也展示了它足够轻量。如果你感觉不到它的常用性，那么我们可以实际去访问一个 API 的接口。以百度 API 接口为例，它返回 JSON 数据信息的例子如图 8-4 所示。

图 8-4　百度 API 返回 JSON 数据信息示例效果

上例中我们使用是百度开发平台的一个获取周边信息的接口，笔者在 URL 中设置了"兄弟连 IT 教育"的经纬度和关键字"IT 兄弟连"，它返回的就是图 8-4 所示的信息。

地图 API 接口：

```
http://lbsyun.baidu.com/index.php?title=webapi/guide/webservice-placeapi
```

8.1.3　如何使用对象

既然我们了解了什么是对象及对象有什么作用，那么我们就来看一下在开发中是如何使用对象的。

在开发中，我们经常将具有一个特定功能的代码段写成一个对象。比如我们使用

JavaScript 去写一个计算器，就可以将计算器包含的四则运算通过一个对象来进行封装，这样我们使用起来就会很方便。示例代码如图 8-5 所示。

```
1 <script>
2    // 声明一个计算器对象
3    var calculator = {
4        add:function (num1,num2){    // 加
5            return num1 + num2;
6        },
7        sub:function (num1,num2){    // 减
8            return num1 - num2;
9        },
10       mul:function (num1,num2){    // 乘
11           return num1 * num2;
12       },
13       div:function (num1,num2){    // 除
14           return num1 / num2;
15       }
16   };
17 </script>
```

图 8-5　将计算器代码封装成对象

将计算器代码封装成一个对象，能够让计算器使用起来更加统一。这个实例笔者在第 7 章中讲到过，现在我们将其简单地封装成一个对象。

与此同时，从网上下载的一些插件也基本上是按照这个思路来进行设计的，通常都是给你一个很简单的使用方式来实现一个特效或者功能。比如开发者经常使用的地图 API（以百度地图为例），就是通过一个简单的调用来实现一个复杂的功能，如图 8-6 所示。

```
1 <html>
2 <head>
3 <meta http-equiv="Content-Type" content="text/html; charset=utf-8" />
4 <meta name="viewport" content="initial-scale=1.0, user-scalable=no" />
5 <style type="text/css">
6 body, html,#allmap {width: 100%;height: 100%;overflow:
  hidden;margin:0;font-family:"微软雅黑";}
7 </style>
8 <script type="text/javascript" src="http://api.map.baidu.com/api?v=2.0&ak={
  您的密钥}"></script>
9 <title>根据中心点关键字周边搜索</title>
10 </head>
11 <body>
12 <div id="allmap"></div>
13 </body>
14 </html>
15 <script type="text/javascript">
16    // 百度地图API功能
17    var map = new BMap.Map("allmap");
18    map.centerAndZoom(new BMap.Point(116.341392, 40.108378), 11);
19    var local = new BMap.LocalSearch(map, {
20        renderOptions:{map: map}
21    });
22    local.search("兄弟连IT教育");
23 </script>
```

图 8-6　百度地图 API 调用示例代码

上述代码是百度地图 API 调用的一个官方示例，在第 17～22 行创建了一个 BMap.Map 对象和一个 BMap.LocalSearch 对象，通过调用二者的方法实现了图 8-7 所示的效果。可以看到仅仅 6 行代码就完成一个比较复杂的功能，十分方便和高效。

图 8-7　百度地图 API 调用示例效果

综上所述，在日常开发中，开发者使用对象处理数据是一个普遍现象，也代表着其重要性。那么接下来笔者就来详细讲解一下关于对象的具体知识。

8.2　创建对象

对象的数据结构在前面已经详细讲解了，其创建的形式其实也很简单，无非就是多组名值对的组合而已。在 JavaScript 中有多种方式可以创建一个对象，比如最简单的字面量形式，以及我们经常使用的 new 关键字的构造函数模式。除以上两种方式外，还有两种创建对象的方式，笔者会按照此顺序进行一一讲解。

8.2.1　字面量创建

字面量创建对象的方式是最简单的一种方式。在提到 JSON 时，笔者也讲到了其实 JSON 就是对象的字面量，其语法格式非常简单，如下：

```
{属性名 1:属性值 1,属性名 2:属性值 2,...,属性名 n:属性值 n}
```

对象字面量以大括号“{}”定界，其中存储了若干组数据信息，每组数据信息之间以逗号“,”分隔，同时每组数据信息内部以冒号“:”分隔，冒号两端分别是属性名和属性值。属性名有两种形式可选，一种为标准格式，即属性名以字符串形式出现，如下：

```
{"name": "兄弟连","sex" : "女"}
```

还有一种简写格式，即属性名以标识符形式出现，如下：

```
{name: "兄弟连",sex : "女"}
```

这种与 JSON 一致的数据信息格式就可以被用来进行网络上的数据传输。不过 JSON 数据信息还可以接收数组，这就涉及数组的相关知识；同时我们还需要对其数据信息进行处理，这就涉及 JSON 的序列化和反序列化问题。这些问题我们在讲完数组后再来解答。

8.2.2　构造函数创建

使用构造函数创建对象也很常见，其语法就是使用关键字 new 来创建一个对象。与之前创建其他数据类型的语法格式类似，如下：

```
new Object();
```

可以看到构造函数的语法很简单，我们可以使用该语法轻松地创建一个空对象。对象的数据结构是若干组名值对的集合，其添加属性的语法也很简单，格式如下：

```
对象名.属性名 = 属性值
对象名[属性名] = 属性值
```

那么笔者就来创建一个包含数据信息的对象，如图 8-8 所示。

```html
1 <!DOCTYPE html>
2 <html>
3 <head>
4     <meta charset="UTF-8">
5     <title>兄弟连IT教育</title>
6 </head>
7 <body>
8     <script>
9         var person = new Object();
10         person.name = "兄弟连";          // 名字属性
11         person.sex = "女";              // 性别属性
12         person['age'] = 10;            // 年龄属性
13         person['say'] = function(){    // 说话方式
14             alert("你好!");
15         };
16     </script>
17     <script>
18         console.log(person);
19     </script>
20 </body>
21 </html>
```

图 8-8　构造函数创建对象示例代码

上述示例能够快速地创建出一个对象，并且以很简洁的方式来添加和修改属性。这两种添加属性的方式有一些区别，当使用点 "." 去设置属性时，属性名不能使用双引号、单引号，并且首字符不能为数值；当使用中括号 "[]" 去设置属性时，属性名则没有那么多限制，可以是任意数据类型，但为了方便使用和辨识，我们通常以字符串来进行标识。

提醒： 当函数出现在对象中时，我们更希望称其为方法，而不是函数。

8.2.3 工厂模式

工厂模式是改造后的构造函数，那么这种改造一定是由于构造函数不能满足开发者的部分需求导致的，那么笔者就先来分析一下传统构造函数的缺陷在哪里。

传统构造函数创建出的对象是不具备约束性和规范性的，比如我们想创建一个对象，让其包含姓名、年龄、性别、说话方式等特点，这样就会出现大量的重复代码。那么为了解决这个问题，开发者就发挥想象力，创造了工厂模式。

工厂模式在软件工程师领域是广为人知的一种设计模式，这种模式抽象了创建具体对象的过程，具体的实现方式是利用函数的特性封装了具有特定规范的函数。

那么我们使用工厂模式弥补传统构造函数的不足，示例代码如图 8-9 所示。

```html
1  <!DOCTYPE html>
2  <html>
3  <head>
4      <meta charset="UTF-8">
5      <title>兄弟连IT教育</title>
6  </head>
7  <body>
8  <script>
9      var createPerson = function (name, sex, age, say){
10         var person = new Object();
11         person.name = name;      // 设置对象姓名
12         person.sex = sex;        // 设置对象性别
13         person.age = age;        // 设置对象年龄
14         person.say = say;        // 设置对象说话方式
15         return person;           // 返回这个对象
16     }
17  </script>
18  </body>
19  </html>
```

图 8-9　工厂模式示例代码

上述代码就是一个简单的工厂模式，笔者已经设定了创建一个 person 对象需要的细节，其实这就相当于给外界开放了规范的接口，只有符合这个接口规范，这个对象才能被创建。这样一来就弥补了刚才所说的缺陷，我们可以利用简单的函数调用完成对象的创建，并且这些对象的属性都是具有相关性和一致性的，我们可以很好地用来统计信息。

但需要注意的是，在工厂模式下，创建对象虽然具有统一性，但却没有解决对象识别的问题，就是如何判定多个对象出自同一个函数。但随着 JavaScript 的发展，又出现了另一种模式能够解决这样的问题，这就是自定义构造函数。

8.2.4 自定义构造函数

在 JavaScript 中，系统的构造函数有 String()、Number()、Boolean()、Function()、Object()、Array() 等，这些构造函数的使用方法就是使用 new 关键字去创建相应的对象。那么，可不可以自定义构造函数呢？答案是肯定的。

笔者首先来改写上例，然后再进行详细讲解，如图 8-10 所示。

```
9    function Person(name, sex, age, say){
10       this.name = name;
11       this.sex = sex;
12       this.age = age;
13       this.say = say;
14   }
```

图 8-10　自定义构造函数

与上面的工厂模式对比来看，我们分析一下区别在哪里。

（1）将 createPerson 改成 Person。

（2）没有显式地创建一个对象。

（3）将所有属性赋值给 this 对象。

（4）没有使用 return 返回指定对象。

那么笔者依次来分析：将 createPerson 改成 Person 是因为构造函数的一般约定，首字母大写，普通函数首字母小写；没有显式地创建一个对象，是因为构造函数内部自动创建了 this 对象，这个 this 关键字就指向了这个新对象；为 this 对象添加属性，当使用 new 关键字创建对象时，会默认返回这个新对象。那么不妨通过自定义构造函数创建几个实例来看一下效果，如图 8-11 和图 8-12 所示。

```
17    var say = function(){
18        alert("变态严管，让你破茧成蝶!");
19    }
20    var person1 = new Person("兄弟连", "女", 10, say);
21    var person2 = new Person("高洛峰", "男", 18, say);
22    // 控制台输出对象信息
23    console.log(person1);
24    console.log(person2);
```

图 8-11　通过自定义构造函数创建对象示例代码

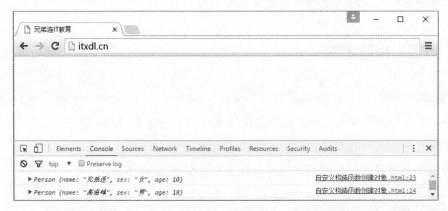

图 8-12　通过自定义构造函数创建对象示例效果

从上述例子中可以看出，当我们自定义构造函数后，使用关键字 new 调用了构造函数，实例化一个对象，最终达到我们想要的效果。

自定义构造函数很好地解决了是否出自同一个构造函数的问题，我们可以使用运算符 instanceof 来进行测试。我们在上例中添加如图 8-13 所示的代码，其效果如图 8-14 所示。

```
27    console.log(person1 instanceof Person);
28    console.log(person2 instanceof Person);
```

图 8-13　判断是否出自同一个构造函数示例代码

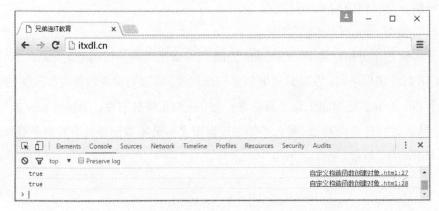

图 8-14　判断是否出自同一个构造函数示例效果

可以看出，通过运算符 instanceof 能够轻松地判断出这个对象出自同一个构造函数，这意味着将来可以将它的实例对象标识为一种特定的类型，就像原生的 Object 类型、String 类型一样，而这也是工厂模式所办不到的。

当我们试图使用普通函数调用的方式去使用构造函数时，则会产生什么效果？它的调用函数返回值是 undefined。

因为构造函数也是函数的一种，要想让一个函数返回值，需要使用 return 返回数据值才行。但如果使用 "return this;" 来返回这个新对象，则会呈现如图 8-15 所示的效果。

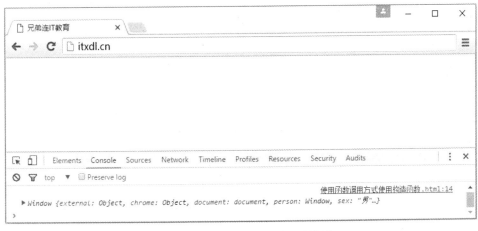

图 8-15　使用 "return this;" 的效果

很显然，它返回的是全局对象 window，并且将属性 sex 赋值给了这个全局对象。这是什么原因呢？这就涉及 this 对象的含义。

this 对象的含义是上下文的含义，它根据上下文来决定其含义。在使用 new 关键字实例化对象时，它指向的是一个新对象；在全局作用域下，它指向的是全局对象 window；在局部作用域下，它指向的是局部作用域对象。

这样解释，相信读者就能理解为什么在调用函数时返回的是全局对象 window 了。

8.3　对象属性

对象中存储数据信息的方式就是属性和值的格式，要学习对象，就要学习对象属性的增加、删除、修改、查询等知识。在前面笔者已经讲解了属性的两种访问方式及需要注意的事项（见 8.2.2 节），那么本节笔者就来详细讲解一下对象属性的查询、删除和遍历。

8.3.1 属性的查询

属性的添加有两种方式：一种为中括号模式；另一种为小数点模式。

比如，我们需要判断一个属性是否存在，就可以判断该属性对应的值是否为 undefined。当然这是一种取巧的方式。假定我们手动将属性赋值为 undefined，那么此种查询方式会错误地认为该属性不存在，但这种情况显然是不多见的，所以在一般情况下，我们使用这种方式是完全可取的。

当然，除了这种方法，在 5.2.6 节中我们学到了运算符 "in"，它就是用来判断该属性是否存在于某个对象之中的。具体的示例方法参见 5.2.6 节，这里不再赘述。

8.3.2 属性的删除

在 5.2.6 节中笔者讲到了 delete 运算符，它被用来删除对象的属性。其示例如图 8-16 和图 8-17 所示。

```
1  <!DOCTYPE html>
2  <html>
3  <head>
4      <meta charset="UTF-8">
5      <title>兄弟连IT教育</title>
6  </head>
7  <body>
8  <script>
9      var obj = {"name":"兄弟连"};
10     delete obj.name;
11     alert(obj.name);
12 </script>
13 </body>
14 </html>
```

图 8-16   属性的删除示例代码

图 8-17   属性的删除示例效果

可以看到，当我们使用 delete 运算符删除属性时，达到了删除属性的效果。其实，从资源释放的角度来看，只需将属性赋值为 null 即可完成属性的删除。关于资源释放的知识，笔者会在第 8 章中详细讲到。

8.3.3 属性的遍历

我们在循环语句中提到过一个专门用来遍历对象属性的语句，那就是 for...in 语句，遍历就是将对象的属性进行循环展示。其语法格式如下：

```
for(变量 in 对象){
    语句;
}
```

for...in 语句的含义就是循环展示属性，其执行步骤就是每一次循环都会将变量赋值为对象的一个属性，直到属性被赋值完毕，则结束循环。下面来看一个实例，如图 8-18 和图 8-19 所示。

```html
1 <!DOCTYPE html>
2 <html>
3 <head>
4     <meta charset="UTF-8">
5     <title>兄弟连IT教育</title>
6 </head>
7 <body>
8 <script>
9     var company = {
10        name : "IT兄弟连",
11        age : 10,
12        words : "变态严管，让你破茧成蝶"
13    };
14    for (var attr in company) {
15        console.log(attr);
16    }
17 </script>
18 </body>
19 </html>
```

图 8-18 属性数据信息的遍历代码

图 8-19　属性数据信息的遍历效果

8.4　对象的存储

在第 4 章中笔者将数据类型分成了两大类,其一为基本数据类型,其二为引用数据类型,那么二者的区别在哪里呢? 这就涉及数据类型的存储位置,本节就来讲解一下二者的区别。

8.4.1　存储机制

变量是存储在内存中的,给变量赋值为不同的数据类型则均是在内存中的操作。在 JavaScript 中,基本数据类型存放在栈内存中,而引用数据类型存放在堆内存中,二者的联系与区别如图 8-20 所示。

图 8-20　存储机制示意图

存放在栈内存中的变量是大小固定的，比如一个定长的字符串，或者一个数值，这些基本数据类型都是定长的，分配的内存空间也是一定的。而在堆内存中存放的变量并非定长的，它的值是可以动态增加和删除的，存储的空间也可依据数据的大小进行缩小或扩展。

读者可能会产生这样的疑问：对字符串中的某个字母或文字进行修改，这不也是动态修改吗？其实在对字符串的某个字母或文字进行修改时，实际上生成了新的字符串，并对原变量的值进行了覆盖操作。

而对象中针对某个属性进行增加或者修改时，其实是在原来对象上的一次修改。

既然变量是存放在内存中的，而 JavaScript 的运行环境是浏览器（其实是浏览器解析 JavaScript 代码的引擎）。浏览器的内存是有限的，假如一个网页中运行了大量的 JavaScript 代码，那么此时内存是否会被占满而导致浏览器无法运行呢？这就涉及变量的内存回收的知识，在下面的小节中笔者对其进行解答。

8.4.2 垃圾回收机制

对于 JavaScript，内存占满会导致浏览器的崩溃。很多编程人员没有内存这个概念，这是因为浏览器中自带了垃圾回收机制，它能够对不再使用的变量进行清理和回收。那它是如何运行的呢？

垃圾回收机制最常用的方式就是标记清除，其中标记清除模式是指当变量进入环境时，对其做一个开始标记，而环境指的是全局作用域和局部作用域，在全局作用域中的变量是在全局有效的，而在局部作用域中的变量仅在局部作用域中生效。其意思就是当变量在局部作用域中使用完成时，会做一个结束标记，垃圾回收机制会自动对其所占用的内存空间进行清理。

除标记清除模式外，还包括其他的回收模式，比如根据变量多少、变量所占的内存空间等规则来进行垃圾回收、内存清理。

垃圾回收机制虽然能让开发者更专注于开发，而无须考虑内存的问题，但是开发者一些错误的举动可能会导致内存占用增大、浏览器运行卡顿等现象。这个问题留在下一小节中讲解。

8.4.3 内存优化

引用数据类型之所以称为引用数据类型，是因为在变量中存储的值是一个指针（或称为内存地址）（定长），它指向的是堆内存中存储的对象。

那么笔者就来声明一个对象 object，其中包含一个 name 属性，并且该属性的值为 "IT 兄弟连"，如图 8-21 所示。

栈内存		堆内存
object	0x7fff5ced2e5c	{name:'IT 兄弟连'}

图 8-21　引用数据类型示意图 1

这时，当复制了一个对象时，其实复制了一个指针，二者共同指向了堆内存中存储的对象，如图 8-22 所示。

栈内存		堆内存
object	0x7fff5ced2e5c	{name:'IT 兄弟连'}
object2	0x7fff5ced2e5c	

图 8-22　引用数据类型示意图 2

当修改 object2 时，另一个值 object 也会随之改变，这一点各位读者需要谨记。由于每个浏览器集成的 JavaScript 引擎不一致，因而导致垃圾回收机制的不同。这时候，为了让内存达到最优的效果，我们一般会采用手动消除引用和闭包的设计模式。

手动消除引用，即手动将变量赋值为 null。这时只要消除了这层引用关系，那么该变量所占用的内存就会被释放。

8.5　ES6 对象新特性

在 ES6 中添加了很多对象的新特性，比如属性的简洁表示法、属性的遍历、可以使用表达式作为属性名等。这些更新也意味着 JavaScript 的发展越来越完善。本节笔者将讲述部分常用的 ES6 对象新特性。

8.5.1　属性的简洁表示法

ES6 允许直接写入变量和函数，作为对象的属性和方法，这样的书写更加简洁。示例如下：

```
var foo = 'bar';
var baz = {foo};
baz // {foo: "bar"}

// 等同于
var baz = {foo: foo};
```

上述代码表明，ES6 允许在对象中直接写变量。这时，属性名为变量名，属性值为变量的值。图 8-23 和图 8-24 是另一个例子。

```
 8 <script>
 9     {
10       // ES5写法
11       function f(x, y) {
12         return {x: x, y: y};
13       }
14     }
15     {
16       // ES6写法：定义函数，使用属性名表达式的方式作为返回值
17       function f(x, y) {
18         return {x, y};
19       }
20       var obj = f();
21       // 输出结果
22       console.log(obj);
23     }
24 </script>
```

图 8-23 属性的简洁表示法示例代码 1

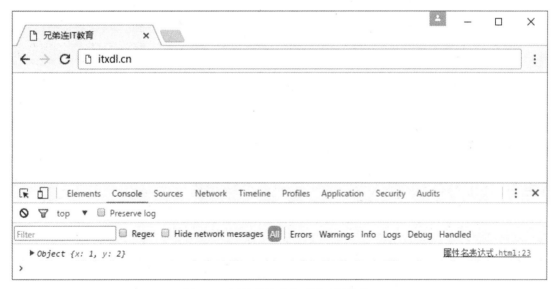

图 8-24 属性的简洁表示法示例效果 1

除了属性简写，对象的方法也可以简写，示例如下：

ES6 书写格式	ES5 书写格式

var o = {
  method(x) {
    return x;
  }
}
	var o = {
	  method: function(x) {
	    return x;
	  }
	};

图 8-25 和图 8-26 是一个实际的例子。

```
 8 <script>
 9     var birth = '2017/01/01';
10     var Person = {
11       name: '王宝龙',              // 相当于name:"王宝龙"
12       birth,                       // 相当于birth:birth
13       hello() {                    // 相当于hello:function(){}
14         console.log(this.name);
15       }
16     };
17     // 创建对象
18     var me = new Person();
19     me.log();
20 </script>
```

图 8-25　属性的简洁表示法示例代码 2

图 8-26　属性的简洁表示法示例效果 2

8.5.2　属性名的表达式

JavaScript 语言定义对象的属性有两种方法。

```
// 方法一
obj.foo = true;

// 方法二
obj['a' + 'bc'] = 123;
```

上述代码中的方法一是直接用标识符作为属性名；方法二是用表达式作为属性名，这时要将表达式放在方括号内。但是，如果使用字面量方式定义对象（使用大括号），则在 ES5 中只能使用方法一（标识符）定义属性。

ES6 允许在使用字面量定义对象时，用方法二（表达式）作为对象的属性名，即把表达式放在方括号内。示例如下：

```
let key = 'foo';

let obj = {
  [key]: true,
  ['a' + 'bc']: 123
};
```

图 8-27 和图 8-28 是一个实例。

```
 8 <script>
 9     var key = 'xdh';
10     var obj = {
11       'xdl': '兄弟连',
12       [key]: '兄弟会'
13     };
14     // 输出对应代码
15     document.write("<h1>", a['xdl'], "</h1>");
16     document.write("<h1>", a[key], "</h1>");
17     document.write("<h1>", a['xdh'], "</h1>");
18 </script>
```

图 8-27　属性名的表达式示例代码

图 8-28　属性名的表达式示例效果

需要注意的是，属性名的表达式与属性的简洁表示法不能同时使用。同时，属性名的表达式如果是一个对象，则默认情况下会自动将对象转换为字符串[object Object]，这一点要特别小心。

本章小结

➢ 对象的数据结构就是若干组名值对的集合，或者说是从字符串到值的一种映射关系表。

➢ 对象创建的方式有最简单的字面量模式及构造函数模式、工厂模式、自定义构造函数模式，四者的功能及意义均是创建一个对象。

➢ 对象具有多种属性，开发者可以对对象的属性进行操作，如获取、删除、替换等。

➢ 对象又称为复杂数据类型或引用数据类型，其复杂的存储方式也让其具有一定的特性，涉及垃圾回收及内存优化的处理。

本章习题及其答案　　　　　本章资源包　　　　　本章扩展知识

课后练习题

一、选择题

1. 对于 JavaScript 对象的描述，错误的是（　　）。

A. 对象的数据结构就是若干组名值对的集合

B. 对象是从字符串到值的一种映射关系表

C. 对象能够弥补其他数据类型存储信息不足的问题，可以使用对象来存储大量的数据

D. "[1,2,3]" 就是对象的字面量表示

2. 以下哪一个不是对象？（　　）

A. {}　　　　　　　　　　　　　B. new Object()

C. function person(){}　　　　　　D. 'new Array()'

3. 以下哪一种不是创建对象的方式？（　　）

A. 通过字符串转换成对象　　　　　B. 字面量创建

C. 构造函数创建　　　　　　　　　D. 自定义构造函数创建

4. 有关对象属性的描述，以下哪一项是错误的?（　　）

A. 使用小数点的方式查询对象属性

B. 对象属性可以使用小括号的形式进行修改

C. delete 运算符用来删除对象的属性

D. for...in 遍历语句就是将对象的属性进行循环展示

5. 对于垃圾回收机制，描述正确的是（　　）。

A．当变量被使用过后，会自动被清除

B．在全局作用域下的变量永远不会被清除

C．当函数执行完毕后，函数中声明的变量不会消失，当函数第二次调用时才会消失，并将函数体内的变量重新赋值

D．当网页被关闭时，网页中的所有变量都会被清除

6. 阅读下面的代码，根据这段代码判断下列哪个表达式返回 true。（　　）

```
var obj1= new Object();
var obj2 = new Object();
object3 = object2;
```

A．obj1 === obj2　　　　　　　　B．obj1 === obj3

C．obj2 === obj3　　　　　　　　D．obj2 !== obj3

7. 关于 ES6 对象新特性的描述，以下哪一项是正确的？（　　）

A．属性的简洁表达式可以在定义属性时写入一个变量，这时会自动将变量名设置为属性名，将变量值设置为属性值

B．属性的简洁表达式只能定义属性，对于方法则无法生效

C．属性的简洁表达式只是形式上的一种简化，其实际含义并没有改变

D．属性的简洁表达式能让代码变得简洁，提升开发效率，所以要将所有代码写成这样的格式

8. 对象属性遍历需要用到以下哪种方法？（　　）

A．for 循环　　　　　　　　　　B．while 循环

C．do...while 循环　　　　　　　D．for...in 循环

9. 假如 object = {number : 1}，那么以下 number 属性的正确行为是（　　）。

A．object.number　　　　　　　B．object[number]

C．object(number)　　　　　　　D．obecjt 'number'

10. 以下对对象描述错误的是（　　）。

A．对象之所以称为引用数据类型，是因为其保存在内存中

B．在与服务器进行沟通时，通常使用 JSON 格式的数据，而 JSON 格式的数据与对象字面量表示基本一致

C．对象类型是 JavaScript 中最重要的数据类型

D．JavaScript 语言是基于对象开发的

二、简答题

简述什么是引用数据类型。

第9章

数　组

数组不是一种独立的数据类型，它由对象发展而来。它可以使用对象的诸多方法，但又区别于对象，比如，最显著的区别就是对象是一种无序的数据集合，而数组是一种有序的数据集合，这种特性也让数组更适用于某些场景。既有常见的数组，又有特殊的稀疏数组、多维数组等，在本章中笔者会依次进行详细讲解。

本章二维码里面包括：

1. 本章的学习视频。
2. 本章所有实例演示结果。
3. 本章习题及其答案。
4. 本章资源包（包括本章所有代码）下载。
5. 本章的扩展知识。

本章二维码

9.1　理解数组

无论在哪种编程语言中，数组绝对是使用频率最高的数据结构。数组通常用来存储列表等信息，它就像一张电子表格中的一行，包含了若干个单元格。每个单元格都可以存放不同的数据，每个单元格都有一个索引值用来标识自己，与 string 类型的索引值一样，也是从 0 开始的。

9.1.1　什么是数组

在生活中我们也经常遇见数组，比如期末成绩名次表和武林排行榜，二者都是令人畏惧的。不过，我们抛去一些情感色彩，从编程的角度分析一下二者的共同点。首先，我们看到二者都具有严格的顺序，都是从第一名开始的，顺序依次递减，中间没有间断；其次，我们可以通过指定第几名来查看他的名字。这种有序的数据就可以称为数组。

数组其实并没有我们想象的那么神秘，仅仅是将生活中的案例抽象出来，从编程的角度去实现同样的效果罢了。

9.1.2　数组的组成结构

在上一小节中，我们提到了武林排行榜是生活中的一种数组形式，那么笔者就从编程的角度来实现一下，代码如下：

```
[
'中神通王重阳',
'西毒欧阳锋',
'中顽童周伯通',
'南帝一灯大师',
'东邪黄药师',
'北丐洪七公'
]
```

从上例中可以看到，JavaScript 的数组使用中括号进行定界，中括号包裹的区域就是数组，数组中各个成员之间使用逗号进行分隔，它们被称为数组元素，简称元素。这个数组的元素排序就是自左向右、依次递增，以数字 0 为开始值。所以说，武林大侠按出场顺序被隐式地绑定了一个序号，这个序号在编程中被称为索引，其中 0 代表中神通王重阳，1 代表西毒欧阳锋，其余依次递增排序。

9.1.3　数组和对象的联系与区别

在 JavaScript 中，一切皆为对象，数组也同样是由对象发展而来的，二者各自有其特点，这也决定了它们各自的使用场景。下面笔者来总结一下它们的联系与区别。

从联系的角度来看，对象包含数组，数组由对象发展而来，这也意味着数组能够转换为对象；但是除类数组对象外，其他对象就不能轻松地转换为数组了。类数组对象可以看作数组转换为对象后的对象。比如我们将武林排行榜转换为对象，代码如下：

```
{
0:'中神通王重阳',
1:'西毒欧阳锋',
2:'中顽童周伯通',
3:'南帝一灯大师',
4:'东邪黄药师',
5:'北丐洪七公',
6:'铁拳裘千仞',
```

细说 JavaScript 语言

```
7: '郭靖',
length:8
}
```

上面这个例子就是一个类数组对象，但需要注意，如果是一个属性名为字符串的对象，那么转换为数组就会使原对象不完整。所以，在对象需保持完整的情况下是不能转换为数组的。但这并不意味着数组中不能包含属性名和属性值。数组本质上是一个对象，可以为其添加属性名和属性值，但这无任何意义，因为数组就是为了有序数据才被创建的，如果让数组存储属性名和属性值，那么，这显然是与创建意图背道而驰的。

从区别的角度来看，二者在书写格式、适用场景上都有区别。书写格式我们不必再说，从适用场景上来看，数组适用于存储一组数据值，这组数据值有一定的关联；而对象更适用于存储多种不同的数据值，数据之间不需要关联。我们可以举一个小例子，使用数组来实现随机涂色，如图 9-1～图 9-4 所示。

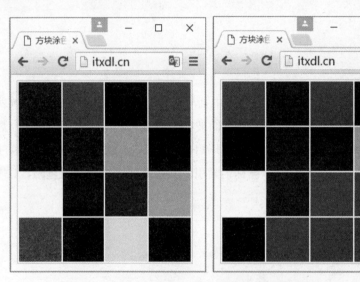

图 9-1 利用数组对表格随机涂色

```
5   <style>
6       table {border:1px solid #ccc;}
7       tr {width:300px;height:60px;}
8       td {width:60px;height:60px;}
9   </style>
```

图 9-2 随机涂色实现代码之 CSS 部分

```
12 <table>
13     <tr>
14         <td></td><td></td><td></td><td></td>
15     </tr>
```

图 9-3 随机涂色实现代码之 HTML 部分

```
16    <tr>
17        <td></td><td></td><td></td><td></td>
18    </tr>
19    <tr>
20        <td></td><td></td><td></td><td></td>
21    </tr>
22    <tr>
23        <td></td><td></td><td></td><td></td>
24    </tr>
25 </table>
```

图 9-3 随机涂色实现代码之 HTML 部分

```
26 <script>
27 // 获取表格DOM节点，它会返回一个数组
28 var tds = document.getElementsByTagName('td');
29 // 将红橙黄绿蓝紫黑写入数组
30 var array = ['red','orange','yellow','green','blue','pulple','black'];
31 /*
32     Math是内置的数学对象，这里不做讨论，在内置对象一章会详细讲到；
33     节点设置css属性会在DOM一节中详细讲到，这里只做实验。
34 */
35 for(var i=0;i<tds.length;i++){
36     tds[i].style.background = array[Math.floor(Math.random()*1000%7)];
37 }
38 </script>
```

图 9-4 随机涂色实现代码之 JavaScript 部分

在上例中我们用到了内置对象 Math、DOM 节点操作，这些我们会在后面的章节中详细讲到；在这里仅作为一个数组应用场景来做实验，最终实现每刷新一次即可完成随机涂色。在这种情况下，使用数组的效果远比对象要更简捷、易操作。

9.2 创建数组

有两种方法可以创建数组：一种是通过构造函数创建；另一种是使用数组直接量创建。在本节中，笔者会依次介绍这两种方法。

9.2.1 构造函数创建数组

语法格式：

var 变量名 = new Array (元素 0,元素 1,...);

与其他数据类型一样，数组也有其构造函数。通过构造函数创建数组时，传入的参数为数组的初始化元素，其中多个参数使用逗号进行分隔，每个参数作为数组的一个元素添加到新创建的数组中。比如下面这个例子，如图 9-5 和图 9-6 所示。

```html
1  <!DOCTYPE html>
2  <html>
3  <head>
4      <meta charset="utf-8">
5      <title>兄弟连IT教育</title>
6  </head>
7  <body>
8  <script>
9      var array = new Array(1,2,3,4);
10     document.write('<h2>', array, '</h2>');
11 </script>
12 </body>
13 </html>
```

图 9-5　构造函数创建数组示例代码

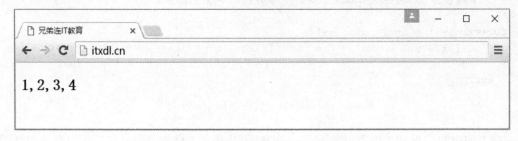

图 9-6　构造函数创建数组示例效果

使用构造函数创建数组还有一个特点，就是当传入的参数是一个大于 0 的整数时，该数组是一个指定了元素个数的空数组，元素个数就是这个参数，它通常被称为稀疏数组。比如笔者将 10 当作参数传递到上例中，其效果如图 9-7 所示。

图 9-7　稀疏数组

在上例中，笔者使用一个数值参数创建了一个指定元素个数的数组，当我们输出数组时，出现的是 9 个逗号，这也表明这个数组应该有 10 个元素。在这种情况下，其实该数组是在内存中开辟了一块包含 10 个元素的数组空间，等待元素的写入；当然，我们也可以追加更多个。这里先不进行讨论，在 9.4.1 节我们再进行详细解读。

9.2.2 数组直接量创建数组

JavaScript 还给我们提供了一个非常简单的声明方式，即使用数组直接量进行直接声明。语法格式：

```
var 变量名 = [元素 0,元素 1,...];
```

使用数组直接量也是创建数组最简单的方法，只需将数组元素写在中括号内即可，其中元素之间需要使用逗号进行分隔。数组元素可以是任意数据类型，包括数组本身。比如下面这个例子，如图 9-8 和图 9-9 所示。

```
1  <!DOCTYPE html>
2  <html>
3  <head>
4      <meta charset="utf-8">
5      <title>兄弟连IT教育</title>
6  </head>
7  <body>
8  <script>
9      function foo () {
10         alert("无兄弟，不编程。");
11     }
12     var array = [10, '10', [10], {number:10}, foo];
13     console.log(array);
14 </script>
15 </body>
16 </html>
```

图 9-8　数组直接量创建数组示例代码

图 9-9　数组直接量创建数组示例效果

在 array 数组中，笔者添加了 5 个数组元素，它们的索引依次为 0,1,2,3,4，类型分别是数值、字符串、数组、对象、函数。数组元素还可以是表达式，比如累加表达式 i++。当然，元素可以为空，即空数组。

9.3 数组元素

在数组结构中，开发者能够将各种数据类型当作数组的一个元素存入数组中；同时，开发者也可以使用中括号"[]"来对数组中的元素进行访问、查询、修改等操作。本节笔者就来讲解数组元素的一系列操作。

9.3.1 元素的获取

元素获取的语法格式：

数组[索引];

在数组中，数组元素是显式存在的，同时每个数组元素隐式地绑定了一个数字索引，这个数字索引表示数组元素所在的位置，或者说这个索引就相当于属性名，通过属性名可以获取对应的数组元素。示例代码和效果如图 9-10 和图 9-11 所示。

```
1  <!DOCTYPE html>
2  <html>
3  <head>
4      <meta charset="utf-8">
5      <title>兄弟连IT教育</title>
6  </head>
7  <body>
8  <script>
9      var array = ['王宝龙', '陈家文', '万涛', '刘滔', '李明霞'];
10     alert( array[0] );          // 结果：王宝龙
11 </script>
12 </body>
13 </html>
```

图 9-10 获取数组元素示例代码

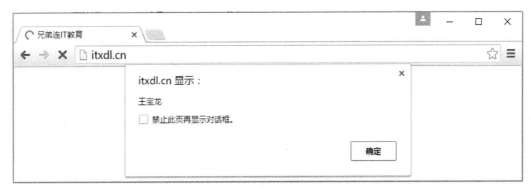

图 9-11　获取数组元素示例效果

9.3.2　元素的添加、修改和删除

与元素获取方式类似，当需要添加一个数组元素时，只需给数组指定一个索引，并对其进行赋值，即可完成元素的添加。同时，当指定已存在的索引进行赋值时，会覆盖原来元素的值，达到修改的目的。比如要在空数组中添加一个元素，并对其进行更改，实现代码和效果如图 9-12 和图 9-13 所示。

```
 1 <!DOCTYPE html>
 2 <html>
 3 <head>
 4     <meta charset="utf-8">
 5     <title>兄弟连IT教育</title>
 6 </head>
 7 <body>
 8 <script>
 9     var array  = [];
10     array[0] = "无兄弟不编程";
11     console.log( array[0] );
12     array[0] = "让学习成为习惯";
13     console.log( array[0] );
14 </script>
15 </body>
16 </html>
```

图 9-12　添加元素并对该元素进行覆盖示例代码

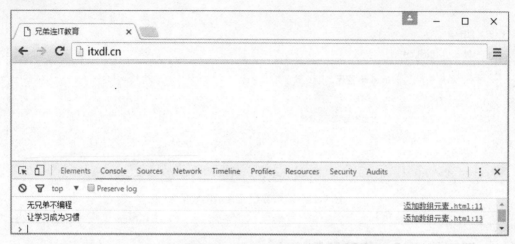

图 9-13　添加元素并对该元素进行覆盖示例效果

　　在上例中需要注意一点，当使用指定索引赋值的方式添加元素时，如果不指定索引则会报错，它不会按顺序自动增加索引；当指定一个新索引与已存在最大索引的差大于等于 2 时，该数组就会变成稀疏数组，即已存在若干索引没有元素与之对应。比如，接上例，继续添加一个元素，如图 9-14 和图 9-15 所示。

```
13    array[5] = "索引为5";
14    console.log(array);
15    console.log(array.length);
```

图 9-14　添加元素生成稀疏数组示例代码

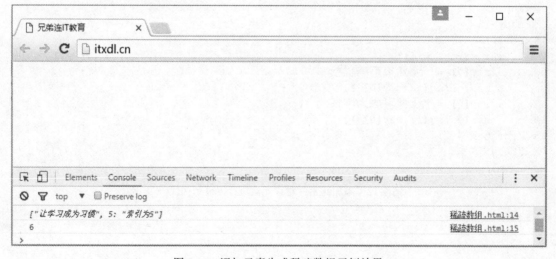

图 9-15　添加元素生成稀疏数组示例效果

　　这种问题在开发中也是经常遇到的，在我们不知道元素个数的情况下需要给数组添加元素，该怎样按顺序添加呢？

　　在 JavaScript 中给我们提供了 push()和 unshift()方法。push()方法是向数组的尾部追加一个或多个元素；unshift()方法是在数组头部插入一个或多个元素。比如下面这个例子，如图 9-16 和图 9-17 所示。

```
1  <!DOCTYPE html>
2  <html>
3  <head>
4      <meta charset="utf-8">
5      <title>兄弟连IT教育</title>
6  </head>
7  <body>
8  <script>
9      var array = ['A','B','C'];
10     array.push('D','E');          // 向后添加字符串元素D、E
11     array.unshift('F');           // 向前插入字符串元素F
12
13     console.log(array.toString());  // 结果：F, A, B, C, D, E
14     console.log(array.length);      // 结果：9
15  </script>
16  </body>
17  </html>
```

图 9-16　数组相关方法示例代码 1

图 9-17　数组相关方法示例效果 1

　　可以看到，当使用 push()方法向后添加元素时，会自动按索引顺序添加索引；当使用 unshift()方法向前插入元素时，会将原有的索引依次递增 1。

　　与 push()和 unshift()方法对应的还有 pop()和 shift()方法，它们的作用是删除元素。pop()方法用于删除数组中的最后一个元素；shift()方法用于删除数组中的第一个元素，并将原索引递减 1。那笔者接上例，将原来新添加的元素删除，实现代码和效果如图 9-18 和图 9-19 所示。

```
16    array.pop();                   // 删除最后一个元素
17    array.pop();                   // 删除最后一个元素
18    array.shift();                 // 删除第一个元素
19    console.log(array);            // 结果：A，B，C
20    console.log(array.length);     // 结果：3
```

图 9-18　数组相关方法示例代码 2

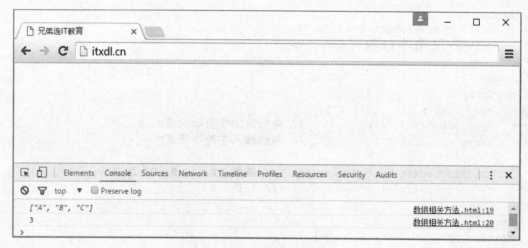

图 9-19　数组相关方法示例效果 2

9.3.3　元素的查询

在获取和添加元素时，真实的解析步骤会将索引转换为字符串并当作属性名，属性值为元素。那么我们可以做一个实验，如图 9-20 和图 9-21 所示。

```
1  <!DOCTYPE html>
2  <html>
3  <head>
4      <meta charset="utf-8">
5      <title>兄弟连IT教育</title>
6  </head>
7  <body>
8  <script>
9      var array = [];
10     array['0'] = 'A';
11     array.push('C');
12     console.log(array[0]);        // 结果：A
13     console.log(array['1']);      // 结果：C
14 </script>
15 </body>
16 </html>
```

图 9-20　真实解析步骤示例代码

图 9-21　真实解析步骤示例效果

在上面的实验中，笔者将字符串'0'当作属性添加到 array 空数组中，并且使用 push()方法添加了一个元素，该元素会自动按顺序添加索引。之后笔者输出了索引为 0 的元素和属性为字符串'1'的元素，发现在解析上，数字字符串会自动被当成索引进行存储和读取。

所以，元素的查询也可以使用对象的查询方法来实现，但需要注意对象的查询方法是对对象属性的查询，当用于数组中时只能用来查询索引是否存在。而数组查询的真实含义是查询元素是否存在。JavaScript 给我们提供了 indexOf()和 lastIndexOf()方法来进行元素的查询。indexOf()方法用来搜索指定的元素，返回第一个元素的索引，若未搜索到则返回-1。indexOf()方法是从头到尾进行搜索，而 lastIndexOf()方法与其唯一的区别就是从尾到头进行搜索。比如下面这个例子，如图 9-22 和图 9-23 所示。

```html
1 <!DOCTYPE html>
2 <html>
3 <head>
4     <meta charset="utf-8">
5     <title>兄弟连IT教育</title>
6 </head>
7 <body>
8 <script>
9     var array = ['A','B','C','B','A'];
10    console.log( array.indexOf('B') );        // 结果：1
11    console.log( array.lastIndexOf('B') );     // 结果：3
12    console.log( array.lastIndexOf('D') );     // 结果：-1
13 </script>
14 </body>
15 </html>
```

图 9-22　查询数组元素示例代码

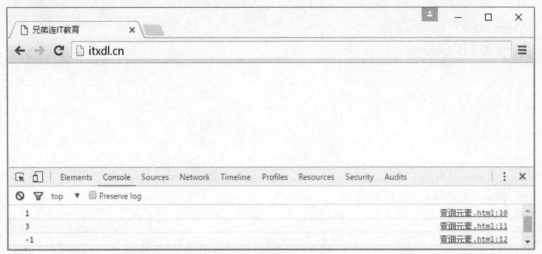

图 9-23　查询数组元素示例效果

9.3.4　元素的遍历

for...in 循环适用于枚举对象的属性，那么我们可以尝试着遍历一个数组，如图 9-24 和图 9-25 所示。

```
1  <!DOCTYPE html>
2  <html>
3  <head>
4      <meta charset="utf-8">
5      <title>兄弟连IT教育</title>
6  </head>
7  <body>
8  <script>
9      var array = ['A','B','C'];
10     for(var element in array){
11         console.log(array[element]);
12     }
13 </script>
14 </body>
15 </html>
```

图 9-24　元素遍历示例代码

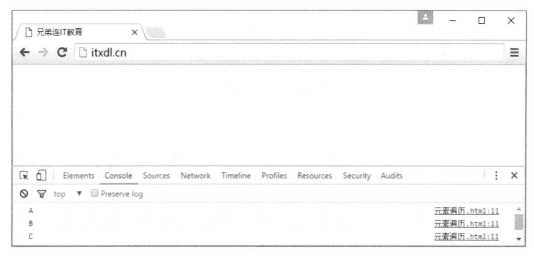

图 9-25　元素遍历示例效果

　　for...in 循环根据数组中存在的索引个数进行遍历，对不存在的索引则不进行遍历，这就有效地规避了稀疏数组。但需要注意，如果一个数组中存在非数字索引的属性，那么它也会进行遍历，并且会根据创建时间按顺序进行遍历。下面我们来做一个实验，如图 9-26 和图 9-27 所示。

```html
1  <!DOCTYPE html>
2  <html>
3  <head>
4      <meta charset="utf-8">
5      <title>兄弟连IT教育</title>
6  </head>
7  <body>
8  <script>
9      var array = new Array(5);      // 创建一个包含5个元素的稀疏数组
10     array[4] = 'A';                // 对索引为4的元素赋值为A
11     var count = 0;                 // 外部计数器
12     for (var element in array){
13         count++;
14         console.log(array[element]);// 结果：A
15     }
16     console.log(count);            // 结果：1
17  </script>
18  </body>
19  </html>
```

图 9-26　稀疏数组遍历示例代码

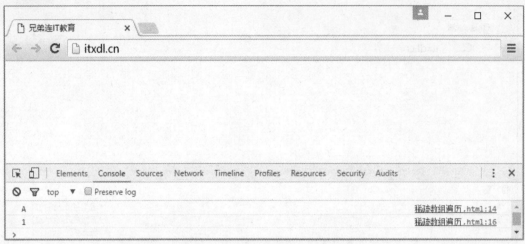

图 9-27　稀疏数组遍历示例效果

上例中笔者想要测试的是 for...in 循环是否会遍历没有索引的数据。首先创建了一个包含 5 个元素的稀疏数组，并且指定数组索引位置 4 并将其赋值为 A，所以这个数组的有效索引只有一个；然后创建一个变量 count 当作计数器，用来判断循环的次数；最后从结果中可以看到，稀疏数组仅循环了一次，从而有效规避了稀疏数组的遍历问题。

一般地，for 循环更符合数组的索引要求，也是较为常用的遍历数组的方法，但需要注意的是 for 循环不适合遍历稀疏数组。比如从下面这个例子中就可以看出为什么 for 循环不适合遍历稀疏数组，如图 9-28 和图 9-29 所示。

```html
1 <!DOCTYPE html>
2 <html>
3 <head>
4     <meta charset="utf-8">
5     <title>兄弟连IT教育</title>
6 </head>
7 <body>
8 <script>
9     var array = ['A','B','C'];
10    for (var i=0;i<array.length;i++){
11        console.log(array[i]);
12    }
13 </script>
14 </body>
15 </html>
```

图 9-28　for 循环遍历数组示例代码

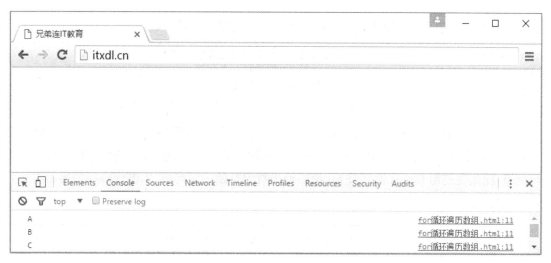

图 9-29　for 循环遍历数组示例效果

使用 for 循环遍历数组，会用到数组的 length 属性作为判断，根据等增 i 来遍历数组，充分利用了数组的索引形式。而稀疏数组的索引是不连续的，这可能会造成无谓的循环。

当然，还有一个方法较为常用，即 forEach()方法，它按照索引的顺序将元素依次传递给已定义的一个函数。比如下面这个例子，如图 9-30 所示。

```
8 <script>
9     var array = [1,2,3,4,5];
10    array.forEach(function(x){
11        console.log(x);                // 结果: 1,2,3,4,5
12    });
13 </script>
```

图 9-30　forEach()遍历数组示例代码

9.4　特殊的数组形式

除上述列举出的一般数组外，还包含多种特殊的数组形式，比如稀疏数组、多维数组、类数组对象及字符串。接下来笔者将一一进行举例讲解。

9.4.1　稀疏数组

稀疏数组是一种特殊的数组形式，与之相反的是稠密数组，二者的区别就是索引的连续性。稀疏数组的索引会有断层，而稠密数组的索引是连续的，并且从 0 开始。一般情况下不会主动使用稀疏数组，但在有些情况下我们会遇到这类数组，比如使用 delete 运算符删除索

引、创建数组时的手误、错误使用构造函数等。下面是几个稀疏数组的实例。

```
var arrayOne = new Array(5);            // 情况 1：不理解构造函数
var arrayTwo = [1,,3];                  // 情况 2：创建时手误
var arrayThree = ['A','B','C'];         // 情况 3：手动删除索引
delete arrayThree[1];
```

稀疏数组的特点就是它的 length 属性不能代表有效元素的个数，其值为最大索引减 1；并且有些数组元素是不存在的，其默认值为 undefined。这种情况需要我们在使用数组时进行规避，比如在使用 for...in 循环或 for 循环遍历数组时做一层判断。示例代码和效果如图 9-31 和图 9-32 所示。

```
8  <script>
9      var array = [1,2,,4,5];                      // 声明一个稀疏数组
10
11     for (var i=0;i<array.length;i++){
12         // 若数组元素值为undefined，则跳过本次循环
13         if( array[i] === undefined ) continue;
14         console.log(array[i]);                   // 结果：1 2 4 5
15     }
16 </script>
```

图 9-31　稀疏数组示例代码

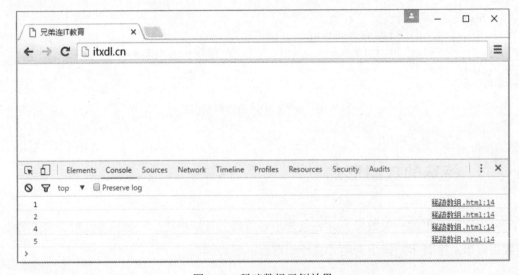

图 9-32　稀疏数组示例效果

既可以使用 for...in 循环来处理稀疏数组，也可以使用 for 循环来遍历数组，但需要进行判断，否则会将部分元素输出为 undefined。二者不但在形式上有区别，并且在效率上也是有区别的，稀疏数组的索引越大，则占用内存越大、查询速度越慢。

稀疏数组在我们编写程序时几乎不会遇到，但有些错误操作会导致稀疏数组的产生。如

果确实遇到了稀疏数组，则也可以像对待稠密数组一样去处理，但这可能导致无效的内存占用和一些 undefined 值，所以还是建议避免上述提及的几种情况。

9.4.2 多维数组

从维度上来讲，上面我们所讲的所有数组都属于一维数组，当然还可以有多维数组。一言以蔽之，多维数组就是数组的元素还可以是数组，也就是我们常讲的嵌套关系。比如下面这个多维数组就是数组嵌套着的数组，如图 9-33 和图 9-34 所示。

```
8 <script>
9     // 声明一个多维数组
10    var array = [
11        'A',
12        ['BA','BB'],
13        ['CA', ['CAA', 'CAB']]
14    ];
15
16    // 输出对应元素
17    console.log( array[0] );            // 结果：A
18    console.log( array[1][0] );         // 结果：BA
19    console.log( array[2][1][0] );      // 结果：CAA
20 </script>
```

图 9-33　多维数组示例代码

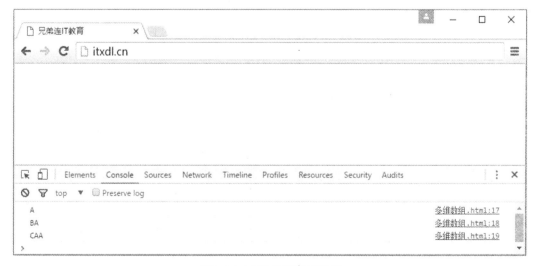

图 9-34　多维数组示例效果

可以看到，在上例中，我们可以通过最基础的逗号符来进行区分。多维数组应该看的是最外层的逗号，那么我们可以看到最外层的逗号将多维数组分为三个元素，分别为 1、[2,3]、

[4,[5,9]]；之后我们可以根据中括号的最高的嵌套层级来确定这是几维数组，可以看到最深嵌套层数是三层，那么它就是三维数组。

数组的访问方式是相同的，只不过多加了一层中括号，比如访问上例中的多维数组的元素。

多维数组的索引方式是每一个维度的元素从 0 开始进行索引，比如上例中，最内层的第三维数组['CAA', 'CAB']，它的索引就是 0、1；再看第二维数组['BA','BB']，它的索引也是 0、1；['CA', ['CAA', 'CAB']]，它的索引也是 0、1；一维数组的索引就是 0、1、2。可以看到，数组元素嵌套的数组都是重新建立索引的。这就不难理解数组的访问方式了。

多维数组经常用来传递大量的数据，也是 JavaScript 常用的数据传输方式之一。

9.4.3　类数组对象

类数组对象相当于对象使用数组的方式来存储数据，属性名即字符串类型的数值，可以使用数组指定索引的方式进行访问，比如下面这个例子，如图 9-35 和图 9-36 所示。

```
8 <script>
9     var object = {'0':'A', '1':'B', '2':'C'};
10    console.log( object[0] );          // 结果：A
11    console.log( object[1] );          // 结果：B
12    console.log( object[2] );          // 结果：C
13 </script>
```

图 9-35　类数组对象示例代码

图 9-36　类数组对象示例效果

笔者在前面讲到，数值索引会解析成字符串形式进行访问，其达成的效果与数组相同。但需要注意的是，类数组对象没有 length 属性。

9.4.4　字符串

在 JavaScript 中，字符串以一种只读的类数组的形式存在，但其并不是真正的数组类型。这一机制也让它有了数组的一些特征，比如它的字符就相当于数组的元素，可以通过索引的方式进行访问，但无法进行修改或删除。字符串也有其自身的字符访问方法 charAt()，其参数为索引，但明显使用中括号索引的方式更为方便。比如下面这个例子，如图 9-37 和图 9-38 所示。

```
8  <script>
9      var string = '兄弟连IT教育';
10     console.log( string[0] );        // 结果：兄
11     console.log( string[1] );        // 结果：弟
12     console.log( string.charAt(2) );  // 结果：连
13  </script>
```

图 9-37　字符串示例代码

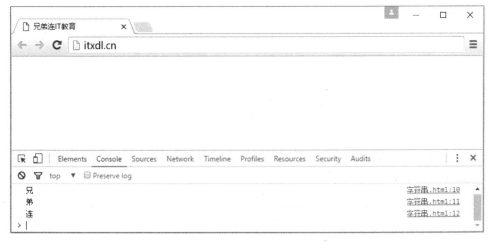

图 9-38　字符串示例效果

9.5　数组特有的方法

数组类型为系统内置的一个对象，其拥有丰富的方法供开发者使用，比如数组合并、转为字符串等。熟练掌握数组特有的方法是实现高效开发的必备条件。其实，在每次创建数组时，每个数组都包含了数组特有的方法。当然，所有数组都派生自一个内置的 Array 对象，内置对象 Array 也包含了一些方法供我们使用。

下面笔者对常用的数组方法进行一一解读。

9.5.1 join()方法

join()方法的作用是将数组的所有元素转换为字符串，并将每个数组元素进行连接，返回最终生成的字符串。该方法的调用者是自定义的数组，它能够接收一个参数，该参数指定了元素间的连接符号。如果不指定参数，则默认使用逗号作为元素的连接符。

语法格式：

```
myArray.join(separator);
```

参数说明：

参 数	说 明
separator	可选。元素之间的分隔符，省略则默认使用逗号

举例如下（见图 9-39）：

```
8  <script>
9      var arrayOne = ['A','B','C'];
10     var arrayTwo = ['A',['B','C']];
11     console.log( arrayOne.join() );      // 结果：A,B,C
12     console.log( arrayTwo.join() );      // 结果：A,B,C
13     console.log( arrayOne.join('#') );   // 结果：A#B#C
14     console.log( arrayTwo.join('#') );   // 结果：A#,B
15 </script>
```

图 9-39   join()方法示例代码

在以上示例中，笔者创建了两个数组，通过自己创建的数组去调用 join()方法，在第 11～14 行中可以看到对应的输出结果，通过连接符进行了拼接。但使用此方法需要注意，join()指定的可选参数适用于一维数组元素，多维数组元素会默认使用逗号进行分隔，如第 14 行所示。

9.5.2 concat()方法

concat()方法的作用是连接两个或多个数组，该数组不会修改原数组，而是返回一个新数组。它的调用者是自定义的数组，它的参数可以是任意多个，并且参数可以是具体的值，也可以是数组对象。

语法格式：

```
myArray.concat(arrayX,arrayX,...,arrayX);
```

参数说明：

参　　数	说　　明
myArray	要操作的数组
arrayX	必需。可以为任意多个，可以是数组，也可以是具体的值

举例如下（见图 9-40 和图 9-41）：

```
 8 <script>
 9     var array = ['A','B','C'];
10     var array1 = array.concat('D',['E',['F']]);
11     console.log( array1.length );       // 结果: 6
12     console.log( array1 );             // 结果: ['A','B','C','D','E', ['F']]
13 </script>
```

图 9-40　concat()方法示例代码

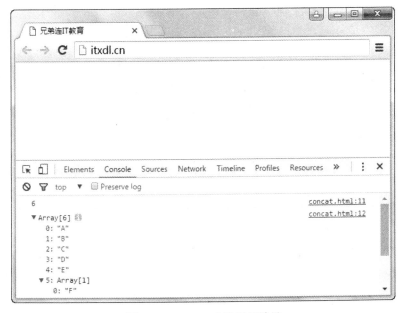

图 9-41　concat()方法示例效果

在上述示例中，可以看到笔者将实参设置为一个具体的值和一个二维数组，返回的结果表明，该方法只能将参数中的值和一维数组元素进行连接，而不会递归多维数组元素连接。

9.5.3　splice()方法

splice()方法用于插入、删除或替换数组的元素，然后返回被操作的元素。需要注意的是，该方法是对于调用数组的操作，而不是返回一个新数组。

语法格式：

```
myArray.splice(index,count,elementX,...);
```

参数说明：

参　　数	说　　明
index	必需。整数，规定要操作数组的索引位置，使用负数则会从数组结尾处规定位置，-1 为倒数第一个元素
count	必需。整数，规定要删除的元素个数
elementX	可选。要插入的新元素，可以有若干个

举例如下（见图 9-42）：

```
8  <script>
9      var array = ['A','B','C','D'];
10     // 从索引0开始，删除2个元素，并用E进行替换
11     var array1 = array.splice(0,2,'E');
12     console.log(array1);          // 结果：['A','B']
13     console.log(array);           // 结果：['E','C','D']
14 </script>
```

图 9-42　splice()方法示例代码

9.5.4　slice()方法

slice()方法用于对数组的元素截取片段，然后返回被操作的元素。需要注意的是，该方法不会对调用数组进行修改。

语法格式：

```
myArray.slice(start,end);
```

参数说明：

参　　数	说　　明
start	必需。整数，规定要操作数组的索引位置，使用负数则会从数组结尾处规定位置，-1 表示倒数第一个元素
end	可选。选取元素的结束位置。省略该参数则默认为数组末尾。使用负数则会从数组结尾处规定位置

举例如下（见图 9-43）：

```
 8 <script>
 9     var array = ['A','B','C','D'];
10     console.log( array.slice(2) );            // 结果：C,D
11     console.log( array.slice(1,-1) );         // 结果：B,C
12 </script>
```

图 9-43　slice()方法示例代码

在上例中，第 10 行是从索引 2 开始，到数组末尾，进行元素截取，并返回这些元素；第 11 行是从索引 1 开始，到倒数第一个元素结束，进行元素截取并返回。

9.5.5　push()和 pop()方法

push()和 pop()方法的效果相反。push()方法用于向数组末尾添加一个或多个元素，并返回新数组的长度，所以它接收的参数是推入数组的元素，可以为任意多个。pop()方法用于删除调用数组的最后一个元素，返回被推出数组的元素，它不需要任何参数。

语法格式：

```
myArray.push(element1,...);
myArray.pop();
```

参数说明：

参　　数	说　　明
element1	必需，至少一个。需要添加的元素

在 9.3.2 节中笔者讲到了这两种方法，这里不再赘述。

9.5.6　unshift()和 shift()方法

unshift()和 shift()方法的效果正好相反。unshift()方法用于向调用数组头部插入一个或多个元素，所以它的参数是任意多个数组元素；而 shift()方法用于将调用数组头部的第一个元素删除，所以它不需要传递参数。

语法格式：

```
array.unshift(element1,...);
array.shift();
```

参数说明：

参　　数	说　　明
element1	必需，至少一个。需要添加的元素

231

在 9.3.2 节中，笔者讲到了这两种方法，这里不再赘述。

9.5.7 forEach()方法

forEach()方法从头到尾遍历数组，每个元素都会调用指定的回调函数。回调函数作为 forEach()方法的参数；同时，回调函数会用到三个参数，分别为数组元素、元素索引、数组本身，其中后两个参数可省略。

语法格式：

```
array.forEach(function(element,index,arrayOne){
    ...
});
```

参数说明：

参　　数	说　　明
function	必需。作为参数的回调函数
element	必需。作为传入实参的数组元素
index	可选。作为传入实参的元素索引
arrayOne	可选。作为传入实参的数组本身

举例如下（见图 9-44）：

```
 8 <script>
 9     var array = ['A','B','C'];
10     var sum = new String();
11     array.forEach(function(element){
12         sum += element;
13     });
14     console.log( sum );                 // 结果：ABC
15
16     array.forEach(function(e,i,a){
17         a[i] = e + '#';
18     });
19     console.log( array );               // 结果：A#, B#, C#
20 </script>
```

图 9-44　forEach()方法示例代码

当在回调函数中传入一个参数时，也就意味着每一个数组元素都会被当作实参传入回调函数中，这时就可以对数组元素进行处理。在上例中，笔者对每个数组元素进行拼接，最终返回了"ABC"。但需要注意一点，使用关键字 return 会被忽略，这也意味着该函数没有返回值；但也有一种变通的方法，就是在回调函数外部声明一个变量，用来存储回调函数的返回值。

当在回调函数中传入三个参数时，也就意味着遍历了数组元素和索引，并将原数组传入回调函数中。如上例，笔者对每个数组元素拼接了符号"#"，并且保持原索引不变，这就相当于对原数组元素进行重新赋值，最终原数组变成了"['A#','B#','C#']"。

9.5.8　map()方法

map()方法将调用数组的每个元素传递给指定的回调函数，并返回一个数组，它包含该函数的返回值。

语法格式：

```
array.map(function(element){
    return value;
});
```

参数说明：

参　　数	说　　明
function	必需。作为参数的回调函数
element	必需。作为传入实参的数组元素

举例如下（见图 9-45）：

```
8 <script>
9     var array = [1,2,3];
10    var arrayOne = array.map(function(e){
11        return e * e;
12    });
13    console.log( arrayOne );                    // 结果：1, 4, 9
14 </script>
```

图 9-45　map()方法示例代码

map()方法与 forEach()方法不同，map()方法会调用数组元素生成一个新数组，不修改原数组，所以需要 return 返回值给新数组。

9.5.9　filter()方法

filter 的英文释义为过滤，该方法用于进行逻辑判断，过滤掉不符合条件的数组元素，返回一个新数组，新数组中包含符合条件的数组元素。该方法接收一个回调函数作为参数，

细说 JavaScript 语言

如果该回调函数的返回值是 true，则添加到新数组中；否则会被过滤掉。

语法格式：

```
array.filter(function(element,index){
    ...
});
```

参数说明：

参　　数	说　　明
function	必需。作为参数的回调函数
element	必需。作为传入实参的数组元素
index	可选。作为传入实参的元素索引

举例如下（见图 9-46）：

```
8 <script>
9    var array = [1,2,3,4,5];
10   var arr = array.filter(function(e){
11       return x < 3;
12   });
13   console.log( arr );          // 结果：1,2
14 </script>
```

图 9-46　filter()方法示例代码

filter()方法还可用于过滤稀疏数组，如图 9-47 所示。

```
8 <script>
9    var array = new Array(5);
10   array[4] = 1;
11   var arr = array.filter(function(e){
12       return e !== undefined;
13   });
14   console.log( arr );          // 结果：1
15 </script>
```

图 9-47　filter()方法过滤稀疏数组

9.5.10　every()和 some()方法

every()和 some()方法具有类似的效果，用于对调用数组的每个元素进行逻辑判断，返回值是 true 或 false。其中，every()方法是对每个数组元素进行判断，当每个数组元素都符合逻辑判断时则返回 true，否则返回 false。some()方法是对每个数组元素进行判断，当所有数组

234

元素都不符合逻辑判断时则返回 false，否则返回 true。这与"逻辑与"和"逻辑或"有异曲同工之妙。

语法格式：

```
array.every(function(element){
    ...
});
array.some(function(element){
    ...
});
```

参数说明：

参　　数	说　　明
array	要操作的数组
function	必需。作为参数的回调函数
element	必需。作为传入实参的数组元素

举例如下（见图 9-48）：

```
8 <script>
9     var array = [1,2,3,4];
10
11    var boolOne = array.every(function(element){
12        return element > 3;                    // 判断是否每个元素都大于3
13    });
14    var boolTwo = array.some(function(element){
15        return element > 3;                    // 判断是否有元素大于3
16    });
17    console.log( boolOne );        // 结果：false
18    console.log( boolTwo );        // 结果：true
19 </script>
```

图 9-48　every()和 some()方法示例代码

在上例中，every()方法可以看作判断是否每个元素都大于 3，而 some()方法可以看作判断是否有元素大于 3。

9.5.11　reduce()和 reduceRight()方法

reduce()和 reduceRight()方法的作用是将数组元素进行组合，生成单个值。

语法格式：

```
array.reduce(function(elementOne, elementTwo){
```

```
        ...
},initial);
```

参数说明：

参　　数	说　　明
function	必需。回调函数
elementOne	必需。第一次调用时为一个初始值，在以后调用时为上一次回调函数的返回值
elementTwo	必需。数组元素
initial	可选。初始值

举例如下（见图 9-49）：

```
 8 <script>
 9     var array = [1,2,3];
10
11     var numberOne = array.reduce(function(i,e){
12         return i+e;                    // 求和
13     });
14     var numberTwo = array.reduce(function(i,e){
15         return i+e;                    // 求和
16     },10);
17     console.log( numberOne );          // 结果: 6
18     console.log( numberTwo );          // 结果: 16
19 </script>
```

图 9-49　reduce()方法示例代码

reduce()方法接收两个参数：第一个参数为回调函数；第二个参数为初始值，默认为 0。在回调函数中接收两个参数，在第一次调用时，第一个参数是一个初始值，第二个参数是第一个数组元素；在接下来的调用中，第一个参数是上一次调用的返回值，第二个参数是下一个数组元素。

注意，当初始值为 0 时，会跳过第一次调用，直接将数组的第一个元素和第二个元素当作回调函数的两个参数进行调用。

上例中 numberOne 的执行步骤就是这样的：初始值为 0，默认跳过第一次调用，i 被赋值为 1，e 被赋值为 2，返回值为 3；第二次调用，i 被赋值为上一次调用的返回值 3，e 被赋值为 3，返回值为 9；没有数组元素则停止调用，最终返回结果为 9。这样就不难理解有初始值参数的 numberTwo 了。

reduceRight()和 reduce()方法的使用方式一致，仅在执行顺序上有区别。reduce()方法是根据索引从低到高进行遍历；而 reduceRight()方法是根据索引自高向低进行遍历。

9.5.12　indexOf()和 lastIndexOf()方法

indexOf()和 lastIndexOf()方法在之前就提到过，用来搜索元素中的指定元素，会返回寻找到的第一个元素的数组，没有此元素则返回-1。indexOf()方法是从头到尾寻找；而 lastIndexOf()方法则是反向搜索。

语法格式：

```
array.indexOf(element);
```

参数说明：

参　　数	说　　明
array	要操作的数组
element	必需。要寻找的数组元素

举例如下（见图 9-50）：

```
 8 <script>
 9     var array = ['A','B','C','B','A'];
10     console.log( array.indexOf('B')´);          // 结果：1
11     console.log( array.lastIndexOf('B') );      // 结果：3
12     console.log( array.lastIndexOf('D') );      // 结果：-1
13 </script>
```

图 9-50　indexOf()方法示例代码

9.6　ES6 数组新特性

ES6 标准给数组提供了很多新方法，新方法的出现让数组更加灵活，让数组的处理更加多元化。本节笔者会将 ES6 关于数组的部分方法进行举例说明，各位读者可以据此来进行练习。

9.6.1　Array.of()方法

Array.of()方法用于将一组值转换为数组，其接收的参数为任意多个元素，可以为任意类型，最终会返回一个新数组。这个方法的主要目的是弥补数组构造函数 Array()的不足。因为参数个数的不同，会导致 Array()的行为有所差异，比如稀疏数组的产生。

语法格式：

```
Array.of(elementX,elementX,...,elementX);
```

参数说明：

参　　数	说　　明
elementX	必需。构成数组的元素

举例如下（见图 9-51）：

```
 8 <script>
 9     // ES5中Array构造函数的不足
10     var myArr1 = Array(5);          // [,,,,];生成一个元素个数为5的数组
11
12     // ES6
13     var myArr2 = Array.of(5);       // [5]
14 </script>
```

图 9-51　Array.of()方法示例代码

从上例中可以看到，构造函数 Array()的不足之处是当传递一个元素时，会生成一个稀疏数组。而使用 Array.of()方法则可以规避这个问题。

9.6.2　数组实例的 find()和 findIndex()方法

数组实例的 find()方法用于找出第一个符合条件的数组成员。它的参数是一个回调函数，所有数组成员依次执行该回调函数，直到找出第一个返回值为 true 的成员，然后返回该成员。如果没有符合条件的成员，则返回 undefined。

语法格式：

```
myArray.find(function(element ){

});
```

参　　数	说　　明
element	必需。调用数组中的每个元素

举例如下（见图 9-52）：

```
8 <script>
9     // 自定义一个数组
10    var myArray = [1, 5, 7, 99, 101, 999, 888];
11    // 自定义数组调用find方法，返回第一个条件为true的元素
12    var number = myArray.find( element => element > 100);
13    console.log(number);          // 输出：101
14 </script>
```

图 9-52　find()方法示例代码

在以上示例中，笔者使用了之前讲到的 ES6 新特性——箭头函数，每个数组元素都会被传入回调函数中进行判断，最终返回第一个条件为 true 的元素。

数组实例的 findIndex()方法的用法与 find()方法非常类似，它返回第一个符合条件的数组成员的位置，即索引位置。如果所有成员都不符合条件，则返回-1。各位读者可以依据上例进行测试。

9.6.3　数组实例的 fill()方法

fill()方法使用给定值填充一个数组。fill()方法还可以接收第二个和第三个参数，用于指定填充的起始位置和结束位置。fill()方法用于空数组的初始化非常方便，数组中已有的元素会被全部抹去。

语法格式：

myArray.fill(element,start,end);

参　　数	说　　明
element	必需。调用数组中的每个元素
start	选填，默认为 0。起始位置
end	选填，默认为 length-1。结束位置

举例如下（见图 9-53）：

```
8 <script>
9     // 若不指定第二个和第三个参数则原数组元素被抹去
10    var myArray = ['a', 'b', 'c'];
11    arr1 = myArray.fill('兄弟连');
12    console.log(arr1);                // 结果：['兄弟连','兄弟连','兄弟连']
13
14    // 在索引1位置开始，在索引2位置结束
15    arr2 = myArray.fill('IT教育', 1, 2);
16    console.log(arr2);                // 结果：['兄弟连','IT教育','兄弟连']
17 </script>
```

图 9-53　fill()方法示例代码

在以上示例中，在未填写第二个和第三个参数时，原数组的每个元素会被给定的第一个参数覆盖，如第 11 行。当执行开始的索引位置和结束的索引位置时，则会依据索引位置进行填充。

本章小结

➢ 数组用来存储列表等信息，它就像一张电子表格中的一行，包含了若干个单元格，用来存储一组值，每个值都对应着一个索引。
➢ 创建数组有两种方法：其一为构造函数创建；其二为数组直接量创建。二者的目的均是创建一个数组，存储一组值。
➢ 数组具有多种特殊形式，分别是稀疏数组、多维数组、类数组对象、字符串，它们都能使用数组的访问方式去访问对应的元素。
➢ 数组具有多种特有的方法，用于数组的数据处理，比如过滤、删除、添加、遍历等操作。

本章习题及其答案　　　　　　　本章资源包　　　　　　　本章扩展知识

课后练习题

一、选择题

1. 以下对于数组的描述，错误的是（　　）。

A. JavaScript 中一切皆为对象，数组同样是由对象发展而来的

B. 对象是从字符串到值的一种映射关系表

C. 数组可以用来存储大量的数据

D. 数组直接量也是创建数组最简单的方法，只需将数组元素写在小括号内即可

2. 以下对于数组元素的描述，错误的是（　　）。

A. 在数组结构中，开发者能够将各种数据类型当作数组的一个元素存入数组中

B. 数组元素是显式存在的，同时每个数组元素隐式地绑定了一个数字索引

C．使用指定索引赋值的方式可以添加、修改元素

D．push()方法用于向数组的头部追加一个或多个元素

3．以下哪一种不是特殊数组？（ ）

A．new Array(5)　　　　　　B．[[]]

C．{number:1,length:1}　　 D．[100,105,333]

4．以下哪一种创建数组的方法是错误的？（ ）

A．new Array()　　　　　B．Array.of();　　　 C．{}　　　　　　D．[]

5．有关字符串是一个特殊的数组的描述，正确的是（ ）。

A．字符串不能获取元素个数

B．字符串类型以一种只读的类数组的形式存在

C．字符串的每个字符就相当于数组的元素

D．通过索引的方式能够获取指定的某个字符

6．以下对 splice()函数描述正确的是（ ）。

A．将数组的所有元素转换为字符串

B．用于连接两个或多个数组，该数组不会修改原数组

C．用于插入、删除或替换数组的元素

D．对数组的元素截取片段，然后返回被操作的元素

7．以下对 concat()函数描述正确的是（ ）。

A．将数组的所有元素转换为字符串

B．用于连接两个或多个数组，该数组不会修改原数组

C．用于插入、删除或替换数组的元素

D．对数组的元素截取片段，然后返回被操作的元素

8．以下对 push()函数描述正确的是（ ）。

A．向调用数组头部插入一个或多个元素

B．向数组末尾添加一个或多个元素

C．调用数组头部的第一个元素进行删除

D．对数组的元素截取片段，然后返回被操作的元素

9．以下对 Array.of()方法描述正确的是（ ）。

A．Array.of([1,2,3])与 Array.of(1,2,3)的含义相同

B．Array.of(5)生成了一个稀疏数组

C．Array.of()弥补了 new Array()创建数组的缺陷

D．Array.of()不能添加函数，只能添加数值

10．对于 find()和 findIndex()方法，以下选项对其描述错误的是（ ）。

A．find()方法用于找出第一个符合条件的数组成员

细说 JavaScript 语言

B．findIndex()方法用于找出第一个符合条件的数组成员的索引位置

C．当 find()方法找不到符合条件的元素时会返回 undefined

D．当 findIndex()方法找不到符合条件的元素时会返回 0

二、编程题

去除给定数组中的偶数及被 3 整除的数，该数组由整数 1～100 组成。

第10章

内置对象

本章指引

在前面的章节中我们介绍了对象的概念及其使用，但其实不是每个对象都需要我们先创建才可以使用的。在 JavaScript 中，有一类对象是浏览器开发商已经创建好的对象，我们统一称之为内置对象。本章主要讲解的有字符串对象 String、数学对象 Math、日期对象 Date、正则对象 RegExp、数值对象 Number、事件对象 Event。

本章二维码里面包括：
1. 本章的学习视频。
2. 本章所有实例演示结果。
3. 本章习题及其答案。
4. 本章资源包（包括本章所有代码）下载。
5. 本章的扩展知识。

本章二维码

10.1 String 对象

任何一门语言里都会有关于 String 字符串的介绍。一连串的字符组成一串，就构成了字符串。字符串的处理不论是在生活中还是在计算机应用中都很广泛。字符串对象的使用频率比数组对象有过之而无不及，而且可扩展的方法和工具函数也更加丰富。所以，这部分内容是需要大家重点掌握的。接下来，笔者会一一为大家讲解。

10.1.1　简单上手

在 JavaScript 中，String 对象通过特有的属性和方法来操作或获取有关文本的信息。与 boolean 对象类似，String 对象不需要进行实例化便能够使用。例如，读者可以将一个变量设置为一个字符串，String 对象的所有属性或方法都可用于该变量。

```
var string="hello world! ";
alert(string.toUpperCase());   // 结果：HELLO WORLD!
```

上述代码的解释为：首先创建一个对象，然后调用 toUpperCase()方法将该字符串对象里的小写字母全部转换为大写字母，所以可以看到原本的 "hello world!" 字符串里的每个字符一一对应转变成大写字母，即转变为 "HELLO WORLD!"。

有一点特殊的就是，String 对象中只有一个属性，即 length。这个属性只有只读权限，因此读者不能进行修改，运用 length 属性后就可以知道字符串的长度。接下来提供了使用 length 属性确定一个字符串中的字符数的示例：

```
var string="hello world! ";
alert(string.length);          // 结果：12
```

该代码的运行结果是 12，这是因为两个词之间的空格也作为一个字符计算。现在，对于最基本的 String 对象的使用情况相信读者已经有所了解，然而 String 对象里还有很多丰富的函数，读者可以往下深入探索。

10.1.2　构造方法

上面介绍了 String 对象的初步使用情况，下面将为读者进行详细讲解。首先需要知道 String 对象的构造方法，以此来创建一个字符串对象。String 对象有三种常用的构造方法。

1. new String()

```
var company=new String("兄弟连 IT 教育");
```

2. String()

```
var company=String("兄弟连 IT 教育");
```

3. 字符串面向量

```
var company="兄弟连 IT 教育";
```

这三种方法皆可成功地创建一个字符串对象，具体要使用哪种方法，读者可以自行选择。如果想知道字符串的长度，之前介绍了 String 对象唯一的属性 length，直接进行对象调用就可以查询到，即 company.length。

10.1.3　其他方法

虽然 String 对象只有一个属性，但它却是一个有着丰富方法的对象。接下来笔者会为大家介绍在开发中经常用到的几个方法。

1. 返回指定位置的字符 charAt()

通过 length 属性我们可以知道字符串的长度，如果我们想知道字符串中某一位置的字符该怎么办呢？ charAt()方法可以返回指定位置的字符。返回的字符是长度为 1 的字符串。例如：

```
var sign="no pains, no gains";
alert(sign.charAt(4));   //a
```

返回的结果是 "a"，这是因为字符串中第一个字符的下标是 0，最后一个字符的下标为字符串长度减 1（string.length-1）。如果参数 index 不在 0 与 string.length-1 之间，则该方法将返回一个空字符串。注意：一个空格也算一个字符。

2. 返回指定的字符串首次出现的位置 indexOf()

如果不清楚字符串在哪个位置，那么可以通过输入字符的方式进行查询，得知字符串首次出现的位置。例如：

```
var sign="no pains, no gains";
alert(sign.indexOf('gains'));   //14
alert(sign.indexOf('gain',15));//-1
```

这个方法有两个参数：第一个参数是想要查询的字符；第二个参数是想要从哪个位置开始查询。如果没有第二个参数，则默认从头开始查询。如果有查询结果，则返回指定的字符串首次出现的位置下标；如果没有，则返回-1。

需要注意的是，indexOf()方法区分大小写，并且如果要检索的字符串值没有出现，则该方法返回-1。

3. 字符串分隔 split()

在项目开发中，你手里有一组有规律的字符串，但是，你需要把这些字符串进行分类、统计。例如，班级学生姓名：小王，小红，小星，小花。你需要单独进行每个同学的数据处理，首先得提取出每一个人，这时候就可以使用 split()方法。例如：

```
var name="小王,小红,小星,小花";
alert(name.split(','));        // 小王,小红,小星,小花
var array=name.split(',');
alert(array[1]);               // 小红
```

在上例中，第一个参数是指从该指定的地方分隔字符串，是必须填写的；第二个字符串是可选的，代表分隔次数，默认是无数次。分隔完成后，会返回相应长度的字符串。

4. 提取字符串 substring()

如果你手里有一段字符串，可是你只想要其中一部分字符串，那该怎么办？ String 对象提供了一个 substring()方法用于解决这个问题。例如：

```
var saying="everything is possible";
alert(saying.substring(3));          //rything is possible
alert(saying.substring(3,11));       //rything
```

substring()方法有两个参数：第一个参数代表从下标为几开始；第二个参数代表到下标多少为止，如果省略，则默认到字符串结尾。

5. 提取指定数目的字符 substr()

若读者不清楚要提取到哪个字符结束，则有另外一种选择方式——substr()。例如：

```
var saying="everything is possible";
alert(saying.substr(3));          //rything is possible
alert(saying.substr(3,11));       //rything is
```

读者需要注意一点，同样的字符串，但是用 substring(3,11)和 substr(3,11)获取到的结果是不一样的。前者是指从下标 3 开始到下标 11（不包含下标 11）结束，后者是指从下标 3 开始共 11 个字符。

也就是说，substr()方法也有两个参数：第一个参数代表从指定位置开始；第二个参数代表提取的字符串的长度。需要注意的是，如果第一个参数是负数，则代表从字符串结尾开始。例如，–1 代表字符串倒数第一个字符。

10.1.4　实际操作

我们有时会需要处理 URL 地址，提取里面的某些字段值，用 JavaScript 就可以获取 URL 中指定的搜索字符串。在下面这个案例中就为读者介绍如何获取 URL 中指定的搜索字符串，如图 10-1 所示。

若一个完整的 URL 是 http://www.itxdl?company=itxdl&address=beijing，此时，通过 location.search()方法就可以获取到字符串"?company=itxdl&address=beijing"，再用 String 对象的 substring()方法截取到子字符串"company=itxdl&address=Beijing"，之后以 "&" 的形式分隔子字符串，得到 arr 数组，即 arr=["company=itxdl","address=beijing"]。再进一步分隔，得到 obj["company"]="itxdl"和 obj["address"]="beijing"。

其实，String 对象还有很多其他的方法，读者如果感兴趣，则可以借助查阅手册、上网查询等多种方式学习。

```
 8 <script>
 9    function getSearchString(key) {
10        var str = location.search;   // 获取URL中?号后的字符串
11
12        str = str.substring(1, str.length); // 去除?号
13
14        var arr = str.split("&");     // 以"&"分隔字符串
15        var obj = new Object();       // 创建对象
16
17        for (var i=0;i<arr.length;i++) {
18            var tmp = arr[i].split("=");// 以"="分隔字符串
19            // 使用decodeURICompoent对URL进行解码
20            obj[decodeURIComponent(tmp[0])] = decodeURIComponent(tmp[1]);
21        }
22        return obj[key];
23    }
24    document.write(getSearchString("company"));
25 </script>
```

图 10-1　搜索字符串获取示例代码

10.2　Math 对象

Math 对象并不像 Date 和 String 那样是对象的类，因此没有构造函数 Math()。像 sin() 这样的函数调用只需 Math.sin()即可实现，其中还定义了一些常用的数学常数，如圆周率 PI=3.1415926 等，也是只需 Math.PI()就可以完成调用。读者无须采取"new 对象"这种形式，只需通过把 Math 作为对象使用就可以调用其所有属性和方法。

并且 Math 对象还不像 Date 和 String 一样可以用于存储数据。通常我们使用 Math 对象来处理数学运算。

10.2.1　简单上手

和其他内置对象不同，Math 对象不能加以实例化，读者只能依据 Math 对象的原样使用它，在没有任何实例的情况下从该对象中调用属性和方法。例如：

```
var pi = Math.PI;
var random=Math.random();
```

10.2.2 对象属性

表 10-1 列举了常用的 Math 对象属性。

表 10-1 Math 对象属性

属　　性	描　　述
E	返回算术常量 e，即自然对数的底数（约等于 2.71828）
LN2	返回 2 的自然对数（约等于 0.693）
LN10	返回 10 的自然对数（约等于 2.302）
LOG2E	返回以 2 为底的 e 的对数（约等于 1.414）
PI	返回圆周率（约等于 3.14159）
SQRT1_2	返回 2 的平方根的倒数（约等于 0.11011）
SQRT2	返回 2 的平方根（约等于 1.414）

这些属性可以帮助读者更好地完成计算。举一个例子：

```
document.write("LN10: " + Math.LN10);        //LN10: 2.302585092994046
```

10.2.3 对象方法

表 10-2 列举了常用的 Math 对象方法。

表 10-2 Math 对象方法

方　　法	描　　述
abs(x)	返回数的绝对值
acos(x)	返回数的反余弦值
asin(x)	返回数的反正弦值
atan(x)	以介于 -PI/2 与 PI/2 弧度之间的数值来返回 x 的反正切值
atan2(y,x)	返回从 x 轴到点 (x,y) 的角度（介于 -PI/2 与 PI/2 弧度之间）
ceil(x)	对数进行上舍入
cos(x)	返回数的余弦
exp(x)	返回 e 的指数

方　　法	描　　述
floor(x)	对数进行下舍入
log(x)	返回数的自然对数（底为 e）
max(x,y)	返回 x 和 y 中的最大值
min(x,y)	返回 x 和 y 中的最小值
pow(x,y)	返回 x 的 y 次幂
random()	返回 0~1 之间的随机数
round(x)	把数四舍五入为最接近的整数
sin(x)	返回数的正弦
sqrt(x)	返回数的平方根
tan(x)	返回角的正切
toSource()	返回该对象的源代码
valueOf()	返回 Math 对象的原始值

举例如下：

```
document.write("ceil: " + Math.ceil(3.8));      //ceil: 4
document.write("floor: " + Math.floor(3.8));    //floor: 3
```

在这里，ceil()方法是对数值进行向上取整，获得最靠近当前位置的一位数，即 4。而 floor()方法却刚好相反，对数值向下取整，获得最靠近当前位置的一位数，即 3。

10.2.4 实际操作

每次搞抽奖活动时，大家可以看到各种各样的奖品在随机滚动。那么，这种随机效果是怎么实现的呢？在本书的前面章节中，笔者已经介绍了数组，那么这里将数组的内容重新实践。读者可以先把各种奖品放在数组里，然后根据获取到的随机整型数值再次获取数组。示例代码如图 10-2 所示。

```
8    <script>
9        var allprize = "T恤,手表,iphone,macbook,游戏机,鼠标,下次再来";
10       var allprizeArr = allprize.split(",");
11       var num = allprizeArr.length - 1;
12       var timer;
```

图 10-2　随机抽奖示例代码

```
13      function change () {
14          document.getElementById("start").innerHTML = allprizeArr[getRand(
    0, num)];
15      }
16
17      function start () {
18          clearInterval(timer);
19          timer = setInterval('change()', 100);
20      }
21
22      function stop () {
23          clearInterval(timer);
24          document.getElementById("showResult").value =
    document.getElementById("start").innerText;
25      }
26
27      function getRand (min, max) {
28          return parseInt(Math.random() * (max - min + 1));
29      }
30  </script>
31  <center>
32      <div id="start" name="start">请点击开始</div>
33      <button onclick="start()">开始</button>
34      <button onclick="stop()">停止</button>
35      您选择的是:
36      <input type="text" id="showResult">
37  </center>
```

图 10-2 随机抽奖示例代码（续）

点击"开始"按钮后，就可以看到奖品在随机滚动；点击"停止"按钮后，就可以得到一个随机的奖品。在这里，首先把所有奖品放在一个 allprize 数组中，然后通过 Math.random() 方法获得随机奖品。示例效果如图 10-3 所示。

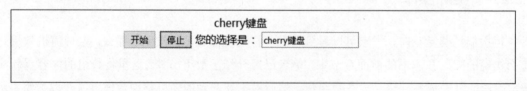

图 10-3 随机抽取示例效果

恭喜你，获得 cherry 键盘一个！还在等什么，自己也来 DIV 一个随机抽奖程序吧！

10.3 Date 对象

在做项目的时候，想要显示出"××××年××月××日××时××分××秒"该怎么办？

如果客户不仅想显示出"××××年××月××日 ××时××分××秒",还想知道是星期几,这个时候,我们可以从数据库里读出准确的时间,但是可不会有星期几的数据,那该怎么办呢? JavaScript 中同样有一个内置对象 Date,读者只需直接拿来使用即可。可以把获取到的日期字符串转换成 Date 对象后再通过 date.getDay()方法获取到具体的星期几。

在大部分项目中都会用到一些日历插件,这些插件也使用了 Date 对象。

Date 对象是操作日期和时间的对象,但是如果想要对日期和时间进行操作,则只能通过自身方法调用来实现。

10.3.1 简单上手

Date 对象在使用前必须先声明。基本语法结构如下:

```
var mydate=new Date();
```

在这里,我们利用 new 来声明一个新的对象实体。使用 new 操作符的语法如下:

```
var 实例对象名称=new 对象名称(参数列表)代码
```

之后,通过声明的实例对象来调用各种方法对日期和时间进行操作。

10.3.2 构造方法

Date 对象的构造方法可大致划分为 4 类。

1. 无参构造 new Date()

这种形式是直接采用 new Date()方式获得返回值。示例代码如图 10-4 所示。

```
1 <!DOCTYPE html>
2 <html>
3 <head>
4     <meta charset="UTF-8">
5     <title>兄弟连IT教育</title>
6 </head>
7 <body>
8     <script>
9         var myDate = new Date();
10        console.log(myDate);          // Tue Jan 17 2017 20:43:20 GMT+0800
11    </script>
12 </body>
13 </html>
```

图 10-4 无参构造示例代码

读者可以看到，在我们声明对象后，会直接返回一个表示本地日期和时间的 Date 对象。

2. new Date(milliseconds)

当然也可以输入时间作为参数，以获取时间。示例代码如图 10-5 所示。

```
1  <!DOCTYPE html>
2  <html>
3  <head>
4      <meta charset="UTF-8">
5      <title>兄弟连IT教育</title>
6  </head>
7  <body>
8      <script>
9          var myDate = new Date(60*1000*1);
10             console.log(myDate);          // 前进 1 分钟的毫秒数
11             myDate = new Date(-60*1000*1);
12             console.log(myDate);          // 后退 1 分钟的毫秒数
13      </script>
14  </body>
15  </html>
```

图 10-5　new Date(milliseconds)构造示例代码

这个参数是输入整型的毫秒数，这个毫秒数是以"1970/01/01 00:00:00"为起点开始叠加的。因此，前进 1 分钟会返回"Thu Jan 01 1970 08:01:00 GMT+0800（中国标准时间）"，后退 1 分钟会返回"Thu Jan 01 1970 011:59:00 GMT+0800（中国标准时间）"。

3. new Date(dateStr)

这种构造方法是通过输入字符串，将字符串转换为 Date 对象。需要知道的是，这里的字符串也是有格式要求的，主要有两种，笔者把这两种情况通过案例的形式为大家进行展示，如图 10-6 所示。

```
8      <script>
9          var myDate = new Date("2017-2-2");
10             console.log(myDate);          // Thu Feb 02 2017 00:00:00 GMT+0800
11             myDate = new Date("2017-2-2 18:00:00");
12             console.log(myDate);          // Thu Feb 02 2017 18:00:00 GMT+0800
13             myDate = new Date("2017/2/2");
14             console.log(myDate);          // Thu Feb 02 2017 00:00:00 GMT+0800
15             myDate = new Date("2017/2/2 18:00:00");
16             console.log(myDate);          // Thu Feb 02 2017 18:00:00 GMT+0800
17      </script>
```

图 10-6　new Date(dateStr)构造示例代码

可以发现，上面的字符串有两种形式：yyyy-MM-dd HH:mm:ss 和 yyyy/MM/dd HH:mm:ss。

这两种形式都是可以省略具体的时分秒的，如果省略，则返回的 Date 对象的时间为 08:00:00。需要格外说明的是，这里的 08:00:00 是因为中国处于东八区，最原始的返回时间应该是 00:00:00。也就是说，这里的返回时间取决于读者所处的地区。

4. new Date(year,month,day,hour,second,million)

经过上述代码的实践，相信读者已经学会了使用第二种构造方法。如果读者觉得第二种构造方法使用不方便，那么可以使用第四种构造方法。具体用法如图 10-7 所示。

```
8    <script>
9        var myDate = new Date(2017,2,2);
10           console.log(myDate);        // Thu Mar 02 2017 00:00:00 GMT+0800
11       var myDate = new Date(2017,3,3);
12           console.log(myDate);        // Mon Apr 03 2017 00:00:00 GMT+0800
13       var myDate = new Date(2017,4,4,0,0,0);
14           console.log(myDate);        // Thu May 04 2017 00:00:00 GMT+0800
15   </script>
```

图 10-7　new Date(year,month,day,hour,second,million)构造示例代码

大家会发现，这种构造形式其实有多种组合方法。年月日和时分秒可以随意输入需要的参数个数，其他参数 JavaScript 会自动补全，默认是最基本的起点时间。

10.3.3　实例方法

Date 对象的实例方法主要分为两种形式：本地时间和 UTC 时间。同一个方法，一般都会有这两种时间格式操作（方法名带 UTC 的就是操作 UTC 时间），这里主要介绍对本地时间的操作。

1. get()方法

get()方法列表如表 10-3 所示。

表 10-3　get()方法列表

方 法 名	功　　能
getFullYear()	返回 Date 对象的年份值；年份的 4 位数字
getMonth()	返回 Date 对象的月份值。从 0 开始，所以真实月份=返回值+1
getDate()	返回 Date 对象的月份中的日期值；值的范围为 1～31
getHours()	返回 Date 对象的小时值
getMinutes()	返回 Date 对象的分钟值
getSeconds()	返回 Date 对象的秒数

续表

方 法 名	功　　能
getMilliseconds()	返回 Date 对象的毫秒数
getDay()	返回 Date 对象的一周中的星期值；0 为星期天，1 为星期一，2 为星期二，依次类推
getTime()	返回 Date 对象与'1970/01/01 00:00:00'之间的毫秒数（北京时间的时区为东八区，起点时间实际为'1970/01/01 08:00:00'）

接下来带领大家运用上面介绍的 get()方法编写一个时钟，查看当前时间是多少。代码如图 10-8 所示。

```
8      <script>
9          function startTime () {
10             var today = new Date();
11             var week = ['星期天', '星期一', '星期二', '星期三', '星期四',
    '星期五', '星期六'];
12             var year = today.getFullYear();
13             var month = today.getMonth();
14             var day = today.getDate();
15             var h = today.getHours();
16             var m = today.getMinutes();
17             var s = today.getSeconds();
18             var weekday = week[today.getDay()]; //
    根据返回值，在数组week中取值
19             // 调整数字格式
20             m = checkTime(m);
21             s = checkTime(s);
22             document.getElementById("clock").innerHTML = year + "年" + month
    + "月" + day + "日" + h + "时" + m + "分" + s + "秒";
23             if (timer) {
24                 clearTimeout(timer);
25             }
26             var timer = setTimeout('startTime()', 500);
27         }
29         function checkTime (i) {
30             if (i < 10) {
31                 i = "0" + i;
32             }
33             return i;
34         }
35     </script>
36     <input type="button" onclick="startTime()" value="查看时钟">
37     <div id="clock"></div>
```

图 10-8　时钟效果

读者点击"查看时钟"按钮后，就可以看到当前时间是多少。在这个案例中，先获取到 Date 对象，然后分别通过 get()方法得到不同的时间片段，最后进行拼接组成字符串。

2. set()方法

set()方法列表如表 10-4 所示。

表 10-4　set()方法列表

方 法 名	功　　能
setFullYear(year,opt_month,opt_date)	设置 Date 对象的年份值；年份的 4 位数字
setMonth(month,opt_date)	设置 Date 对象的月份值。0 表示 1 月，11 表示 12 月
setDate(date)	设置 Date 对象的月份中的日期值；值的范围为 1~31
setHours(hour,opt_min,opt_sec,opt_msec)	设置 Date 对象的小时值
setMinutes(min,opt_sec,opt_msec)	设置 Date 对象的分钟值
setSeconds(sec,opt_msec)	设置 Date 对象的秒数
setSeconds(sec,opt_msec)	设置 Date 对象的毫秒数

有时候我们想自己设置一个时间，则可以通过各种 set()方法达到自己的目的。示例代码如图 10-9 所示。

```
 8    <script>
 9        var dt = new Date();
10        dt.setFullYear(2017);
11        dt.setMonth(11);
12        dt.setDate(28);
13        dt.setHours(23);
14        dt.setMinutes(59);
15        dt.setSeconds(59);
16        dt.setMilliseconds(59);
17        console.log(dt);        // Thu Dec 28 2017 23:59:59 GMT+0800
18    </script>
```

图 10-9　一系列 set()方法

3. 其他方法

其他方法列表如表 10-5 所示。

表 10-5　其他方法列表

方 法 名	功　　能
toString()	将 Date 对象转换为一个'年月日 时分秒'字符串
toLocaleString()	将 Date 对象转换为一个'年月日 时分秒'的本地格式字符串

续表

方 法 名	功 能
toDateString()	将 Date 对象转换为一个'年月日'字符串
toLocaleDateString()	将 Date 对象转换为一个'年月日'的本地格式字符串
toTimeString()	将 Date 对象转换为一个'时分秒'字符串
toLocaleTimeString()	将 Date 对象转换为一个'时分秒'的本地格式字符串
valueOf()	与 getTime()一样，返回 Date 对象与'1970/01/01 00:00:00'之间的毫秒数（北京时间的时区为东八区，起点时间实际为'1970/01/01 08:00:00'）

以上这些方法大家要熟练掌握，这样在以后的项目开发中才可信手拈来。

10.3.4 静态方法

静态方法不同于之前采用的"new 对象"的形式，是可以直接通过"对象.method()"来调用的另一种方法。

1. Date.now()

这种方法直接通过"对象.方法"来调用，无须采用 new 这种形式。读者可以测试一下，看这种方法的返回值是什么，如图 10-10 所示。

```
8    <script>
9        console.log(Date.now());    // 1484660668903
10   </script>
```

图 10-10　Date.now()静态方法示例代码

原来，这个返回值是当前日期和时间的 Date 对象与"1970/01/01 00:00:00"之间的毫秒数（北京时间的时区为东八区，起点时间实际为'1970/01/01 08:00:00'）。

2. Date.parse(dateStr)

如果你有一个确定的时间，想要知道与 1970 年起点时间之间的时间差是多少，就可以直接使用该方法。这种方法也是不用 new 就可以直接调用的方法。示例代码如图 10-11 所示。

```
8    <script>
9        console.log(Date.parse('2017-1-1'));            // 1483200000000
10       console.log(Date.parse('2017-1-1 18:00:00'));   // 1483264800000
11   </script>
```

图 10-11　Date.parse()静态方法示例代码

首先把字符串转换为 Date 对象，然后返回此 Date 对象与'1970/01/01 00:00:00'之间的毫秒数（北京时间的时区为东八区，起点时间实际为'1970/01/01 08:00:00'）。

10.3.5　实际操作

我们经常将 Date 对象应用在倒计时中，接下来笔者会带领大家进行一个倒计时案例的编写，如图 10-12 所示。

```
8     <script>
9         // 声明倒计时函数
10        function ShowCountDown(year,month,day,divname) {
11            var endDate = new Date(year, month-1, day);      // 目标日期
12            var leftTime = endDate.getTime() - Date.now();   // 相差毫秒数
13            var leftsecond = parseInt(leftTime / 1000);       // 相差秒数
14            // 天数
15            var day1=Math.floor(leftsecond/(60*60*24));
16            // 小时数
17            var hour=Math.floor((leftsecond-day1*24*60*60)/3600);
18            // 分钟数
19            var minute=Math.floor((leftsecond-day1*24*60*60-hour*3600)/60);
20            // 秒数
21            var second=Math.floor(leftsecond-day1*24*60*60-hour*3600-minute*
60);        // 目标DOM节点
22            var cc = document.getElementById(divname);
23            // 给目标节点写入对应标签内容
24            cc.innerHTML = "距离" + year + "年" + month + "月" + day +
"日还有: " + day1 + "天" + hour + "小时" + minute + "分" + second + "秒";
25        }
26
27        // 周期事件
28        window.setInterval(function(){
29            ShowCountDown(2017,11,11,'divdown1');
30        }, 1000);
31    </script>
32    <div id="divdown1"></div>
```

图 10-12　倒计时案例

在这里，我们需要先设置一个目的时间，即倒计时设置的终点时间；然后用目的时间减去当前时间，得到两者相差多少毫秒数；最后将毫秒数进行数学运算，转换成天数、小时数、分钟数。至于有一些字符串格式，如"9 月"，我们可以修饰为"09 月"进行输出。

这样，读者就可以通过调用方法 showCountDown()将想要设置的终点时间作为参数传递，就可以知道剩余多少时间。

10.4　RegExp 对象

正则表达式是一个十分古老而又强大的文本处理工具，仅仅用一段非常简短的表达式语句便能够快速实现一个非常复杂的业务逻辑。熟练地掌握正则表达式，能够使你的开发效率得到极大的提升。

10.4.1　简单上手

正则表达式是由普通字符（如字符 a～z）及特殊字符（称为"元字符"）组成的文字模式。模式描述在搜索文本时要匹配的一个或多个字符串。正则表达式作为一个模板，将某个字符模式与所搜索的字符串进行匹配。

正则表达式经常被用于字段或任意字符串的校验，如下面这两个正则表达式，其功能就是校正 15 位和 18 位的身份证号。

15 位：

```
^[1-9]\\d{11}((0\\d)|(1[0-2]))(([0|1|2]\\d)|3[0-1])\\d{3}$
```

18 位：

```
^[1-9]\\d{5}[1-9]\\d{3}((0\\d)|(1[0-2]))(([0|1|2]\\d)|3[0-1])\\d{3}([0-9]|X)$
```

10.4.2　构造方法

1. 用两斜杠将正则表达式夹在中间

```
var reg = /r/;        //匹配 r 字母
var reg=/\r/;         //匹配一个回车符
```

2. 使用 new 来创建

```
var reg = new RegExp("r");   //匹配 r 字母
var reg=new RegExp("\r");    //匹配一个回车符
```

这两种方式都可以构造一个 RegExp 对象。不知道读者有没有发现，当在 r 字母前多添加一个"\"后，整体的匹配含义都不一样了。这种情况叫作转义，即通常在"\"后面的字符不按原来的意义解释，如/b/匹配字符"b"，当 b 前面加了反斜杆/\b/后，转义为匹配一个单词的边界。

10.4.3　元字符

元字符列表如表 10-6 所示。

表 10-6　元字符列表

字　符	描　述
\	将下一个字符标记为一个特殊字符，或一个原义字符，或一个向后引用，或一个八进制转义符。例如，'n'匹配字符"n"，"\n"匹配一个换行符，序列"\\"匹配"\"，而"\("则匹配"("
^	匹配输入字符串的开始位置。如果设置了 RegExp 对象的 Multiline 属性，则^也匹配'\n'或'\r'之后的位置
$	匹配输入字符串的结束位置。如果设置了 RegExp 对象的 Multiline 属性，则$也匹配'\n'或'\r'之前的位置
*	匹配前面的子表达式零次或多次。例如，zo*能匹配"z"及"zoo"。*等价于{0,}
+	匹配前面的子表达式一次或多次。例如，'zo+'匹配"zo"及"zoo"，但不能匹配"z"。+等价于{1,}
?	匹配前面的子表达式零次或一次。例如，"do(es)?"可以匹配"do"或"does"中的"do"。?等价于{0,1}
{n}	n 是一个非负整数。匹配确定的 *n* 次。例如，'o{2}'不能匹配"Bob"中的'o'，但是能匹配"food"中的两个 o
{n,}	n 是一个非负整数。至少匹配 *n* 次。例如，'o{2,}'不能匹配"Bob"中的'o'，但能匹配"foooood"中的所有 o。'o{1,}'等价于'o+'。'o{0,}'则等价于'o*'
{n,m}	n 和 m 均为非负整数，其中n<= m。最少匹配 *n* 次且最多匹配 *m* 次。例如，"o{1,3}"将匹配"foooood"中的前三个 o。'o{0,1}'等价于'o?'。请注意在逗号和两个数之间不能有空格
?	当该字符紧跟在任何一个其他限制符（*, +, ?, {n}, {n,}, {n,m}）后面时，匹配模式是非贪婪的。非贪婪模式尽可能少地匹配所搜索的字符串，而默认的贪婪模式则尽可能多地匹配所搜索的字符串。例如，对于字符串"oooo"，'o+?'将匹配单个"o"，而'o+'将匹配所有'o'
.	匹配除"\n"之外的任何单个字符。要匹配包括'\n'在内的任何字符，请使用如'[.\n]'的模式
(pattern)	匹配 pattern 并获取这一匹配。所获取的匹配可以从产生的 Matches 集合得到，在 VBScript 中使用 SubMatches 集合，在 JavaScript 中则使用$0…$9 属性。要匹配圆括号字符，请使用 '\('或'\)'
(?:pattern)	匹配 pattern 但不获取匹配结果，也就是说，这是一个非获取匹配，不进行存储供以后使用。这在使用"或"字符（|）来组合一个模式的各个部分时很有用。例如，'industr(?:y|ies)'就是一个比'industry|industries'更简略的表达式
(?=pattern)	正向预查，在任何匹配 pattern 的字符串开始处匹配查找字符串。这是一个非获取匹配，也就是说，该匹配不需要获取供以后使用。例如，'Windows(?=95|98|NT|2000)'能匹配"Windows 2000"中的"Windows"，但不能匹配"Windows 3.1"中的"Windows"。预查不消耗字符，也就是说，在一个匹配发生后，在最后一次匹配之后立即开始下一次匹配的搜索，而不是从包含预查的字符之后开始
(?!pattern)	负向预查，在任何不匹配 pattern 的字符串开始处匹配查找字符串。这是一个非获取匹配，也就是说，该匹配不需要获取供以后使用。例如，'Windows (?!95|98|NT|2000)'能匹配"Windows 3.1"中的"Windows"，但不能匹配"Windows 2000"中的"Windows"。预查不消耗字符，也就是说，在一个匹配发生后，在最后一次匹配之后立即开始下一次匹配的搜索，而不是从包含预查的字符之后开始

字　符	描　述
x|y	匹配 x 或 y。例如，'z|food'能匹配"z"或"food"。'(z|f)ood'则匹配"zood"或"food"
[xyz]	字符集合。匹配所包含的任意一个字符。例如，'[abc]'可以匹配"plain"中的'a'
[^xyz]	负值字符集合。匹配未包含的任意字符。例如，'[^abc]'可以匹配"plain"中的'p'、'l'、'i'、'n'
[a-z]	字符范围。匹配指定范围内的任意字符。例如，'[a-z]'可以匹配'a'~'z'范围内的任意小写字母字符
[^a-z]	负值字符范围。匹配任何不在指定范围内的任意字符。例如，'[^a-z]'可以匹配不在'a'~'z'范围内的任意字符
\b	匹配一个单词边界，也就是单词和空格间的位置。例如，'er\b'可以匹配"never"中的'er'，但不能匹配"verb"中的'er'
\B	匹配非单词边界。例如，'er\B'能匹配"verb"中的'er'，但不能匹配"never"中的'er'
\cx	匹配由 x 指明的控制字符。例如，\cM 匹配一个 Control-M 或回车符。x 的值必须为 A~Z 或 a~z 之一。否则，将 c 视为一个原义的'c'字符
\d	匹配一个数字字符。等价于[0-9]
\D	匹配一个非数字字符。等价于[^0-9]
\f	匹配一个换页符。等价于\x0c 和\cL
\n	匹配一个换行符。等价于\x0a 和\cJ
\r	匹配一个回车符。等价于\x0d 和\cM
\s	匹配任何空白字符，包括空格、制表符、换页符等。等价于[\f\n\r\t\v]
\S	匹配任何非空白字符。等价于[^ \f\n\r\t\v]
\t	匹配一个制表符。等价于\x09 和\cI
\v	匹配一个垂直制表符。等价于\x0b 和\cK
\w	匹配包括下画线的任何单词字符。等价于'[A-Za-z0-9_]'
\W	匹配任何非单词字符。等价于'[^A-Za-z0-9_]'
\xn	匹配 n，其中 n 为十六进制转义值。十六进制转义值必须为确定的两个数字长。例如，'\x41'匹配"A"。'\x041'则等价于'\x04' & "1"。在正则表达式中可以使用 ASCII 编码
\num	匹配 num，其中 num 是一个正整数。例如，'(.)\1'匹配两个连续的相同字符
\n	标识一个八进制转义值或一个向后引用。如果\n 之前至少有 n 个获取的子表达式，则 n 为向后引用。如果 n 为八进制数字(0-11)，则 n 为一个八进制转义值
\nm	标识一个八进制转义值或一个向后引用。如果\nm 之前至少有 nm 个获取的子表达式，则 nm 为向后引用。如果\nm 之前至少有 n 个获取的子表达式，则 n 为一个后跟文字 m 的向后引用。如果前面的条件都不满足，且 n 和 m 均为八进制数字(0-11)，则\nm 将匹配八进制转义值 nm

字　　符	描　　述
\nml	如果 n 为八进制数字(0-3)，且 m 和 1 均为八进制数字(0-11)，则匹配八进制转义值 nml
\un	匹配 n，其中 n 是一个用 4 个十六进制数字表示的 Unicode 字符。例如，\u00A9 匹配版权符号(?)

这些元字符比较多，接下来会为大家选择几个常用的结合案例进行分析。

1. 只能输入数字

^[0-9]*$

意思是：以 0~9 之间的任意一个数字开头的值，中间部分可以是任意 0 个或者多个 0~9 之间的数字，$是最后结束的标志。

2. 只能输入长度为 3 的字符

^.{3}$

意思是：匹配除 "\n" 以外的任意 3 个字符。

3. 只能输入非零的负整数

^-[1-9][0-9]*$

意思是：匹配以 "-" 开头的、第二位是 1~9 之间的任何一位、第三位及以后位数皆是 0~9 之间的任何一位的数。

4. 验证用户密码

^\w{6,18}$

意思是：匹配以字母开头，同时以字母结尾，包含 6~18 位的字母。

10.4.4　运算符优先级

我们知道，在计算算术类问题时，先算乘除，后算加减。正则表达式里的运算符也有优先级之分。正则表达式从左到右进行计算，并遵循优先级顺序，这与算术表达式非常类似。表 10-7 对运算符优先级由高到低进行了说明。

表 10-7　运算符优先级

运　算　符	描　　述
\	转义符
(), (?:), (?=), []	圆括号和方括号
*, +, ?, {n}, {n,}, {n,m}	限定符

续表

运 算 符	描 述
^, $,\任何元字符、任何字符	定位点和序列（位置和顺序）
|	替换，"或"操作字符具有高于替换运算符的优先级，使得"m|food"匹配"m"或"food"。若要匹配"mood"或"food"，则请使用括号创建子表达式，从而产生"(m|f)ood"

10.4.5 实际操作

1. 验证身份证号码

验证身份证号码是常用的验证方式之一，示例代码如图 10-13 所示。

```
8    <script>
9        function isCard(card) {
10           //
身份证号码为15位或18位；18位前17位是数字，最后一位是校验位，可能是数字或字母X
11           var reg = /(^\d{15}$)|(^\d{18}$)|(^\d{17}(\d|X|x)$)/;
12           if (reg.test(card) === false) {
13               console.log("身份证不合法");
14           } else {
15               console.log("身份证合法");
16           }
17        }
18        isCard("12345678901234567X");   // 合法
19        isCard("12345678901234567X81");  // 不合法
20    </script>
```

图 10-13   验证身份证号码

在这里，将要验证的身份证号码作为参数输入，调用事先写好的 isCard()方法，而在 isCard()方法中定义好了匹配模式 reg，之后用 test()方法检测输入的某个字符串是否匹配该模式，如果不匹配，就会输出"身份证不合法"。

2. 验证手机号

另一种常用的验证方式就是手机号验证。基本上每个 APP 或者网站都会有这种验证方法。示例代码如图 10-14 所示。

```
8    <script>
9        function checkPhone(phone) {
10           if (!/^1[3|4|5|6|7|8]\d{9}$/.test(phone)) {
11               console.log("手机号不符合规范");
12           } else {
```

图 10-14   验证手机号

```
13              console.log("手机号符合规范");
14          }
15      }
16      checkPhone(18010011001);        // 手机号符合规范
17  </script>
```

图 10-14 验证手机号（续）

上述代码的解释是：格式必须以 1 开头，第二位为 3/4/5/11/8 等任意一个，第三位及以后位表示 0~9 之间的 9 位数字。

10.5 Number 对象

Number 对象是数字对象，包含 JavaScript 中的整数、浮点数等。这个对象读者仅认识即可，具体该怎么使用，感兴趣的读者可以深入学习。

10.5.1 简单上手

基本语法结构如下：

```
var a = 1;
var b=-1.1;
```

10.5.2 构造方法

1. Number()

```
var myNum=Number(value);
```

2. new Number()

```
var myNum=new Number(value);
```

这两种构造方法里的参数 value 是要创建的 number 对象的数值，或者要转换成数字的值。

不同的是，当 Number()和运算符 new 一起作为构造函数使用时，返回一个新创建的 Number 对象。如果不用 new 运算符，则把 Number()作为一个函数来调用，它将把自己的参数转换成一个原始的数值，并且返回这个值（如果转换失败，则返回 NaN）。

10.5.3 对象属性

Number 对象属性列表如表 10-8 所示。

表 10-8　Number 对象列表

属　　性	描　　述
constructor	返回对创建此对象的 Number()函数的引用
MAX_VALUE	可表示的最大数
MIN_VALUE	可表示的最小数
NaN	非数字值
NEGATIVE_INFINITY	负无穷大，溢出时返回该值

这里有 5 个有用的数字常量，分别是可表示的最大数、最小数、正无穷大、负无穷大和特殊的 NaN 值。例如：

```
<script type="text/javascript">
document.write(Number.MAX_VALUE);   //1.1191169313486231511e+308
</script>
```

返回 JavaScript 中可能的最大值，它的近似值为 $1.1191169313486231511 \times 10^{308}$。

注意，这些值是构造函数 Number()自身的属性，而不是单独的某个 Number 对象的属性，所以不能写成下面这种情况：

```
<script type="text/javascript">
var n= new Number(2);
document.write(n.MAX_VALUE);        //错误写法
</script>
```

读者需要清楚并区分这个知识点。

10.5.4　对象方法

Number 对象方法列表如表 10-9 所示。

表 10-9　Number 对象方法列表

方　　法	描　　述
toString()	把数字转换为字符串，使用指定的基数
toLocaleString()	把数字转换为字符串，使用本地数字格式顺序
toFixed()	把数字转换为字符串，结果的小数点后有指定位数的数字
toExponential()	把对象的值转换为指数计数法
toPrecision()	把数字格式化为指定的长度

作为比较，我们来看一下 toString()和 Number 对象的其他方法，它们是每个 Number 对象的方法，而不是 Number()构造函数的方法，这和之前的 Number 属性的情况不一样。前面提到过，在必要时，JavaScript 会自动地把原始数值转换为 Number 对象，调用 Number()方法的既可以是 Number 对象，也可以是原始数值。接下来看一下 toString()方法的使用实例。

```
<script type="text/javascript">
    var number = new Number(10);
    document.write (number.toString())       // 10       十进制
    document.write (number.toString(2))      // 1010     二进制
    document.write (number.toString(3))      // 101      三进制
</script>
```

这个实例就是先创建一个 Number 对象，然后通过对象去调用各个方法。这里调用的就是 toString()方法，通过控制传入不同的参数，然后按照不同进制输出结果。当参数默认为空的时候，以十进制的标准来输出结果。

还有一种比较实用的方法，即 toFixed()。toFixed()方法可把 Number 对象四舍五入为指定小数位数的数字。比如：

```
<script type="text/javascript">
    var num = new Number(15.466);
    document.write (num.toFixed(1));         //15.5
    document.write (num.toFixed(2));         //15.47
</script>
```

这个方法传入参数，这个参数用于指明小数点后有固定的几位数字。如果有必要，那么该数字会被舍入，也可以用 0 补足，以便达到指定的长度。原来是 15.466 的数字，如果设置为小数点后只有一位数字，则看小数点后第二位的值是否大于 5，如果大于 5，则四舍五入，小数点后第一位的值就加 1；反之，直接输出原数值即可。如果设置为小数点后有两位数字，则看小数点后第三位的值。

10.5.5 实际操作

请看下面的测试，读者可以先想想返回的值会是什么。

```
<script type="text/javascript">
var test1= new Boolean(true);
var test2= new Boolean(false);
var test3= new Date();
var test4= new String("444");
var test5= new String("444 888");
var test6= new String("444.888");
var test11= new String("444aaa");
document.write(Number(test1)+ "<br />");
document.write(Number(test2)+ "<br />");
document.write(Number(test3)+ "<br />");
document.write(Number(test4)+ "<br />");
document.write(Number(test5)+ "<br />");
```

```
document.write(Number(test6)+ "<br />");
document.write(Number(test11)+ "<br />");
</script>
```

输出结果如下：

```
1
0
14113163848044
444
NaN
444.888
NaN
```

在这里，Number()函数把对象的值转换为数字。如果参数是 Date 对象，则 Number()函数返回从 1970 年 1 月 1 日至今的毫秒数。如果对象的值无法转换为数字，那么 Number()函数返回 NaN。NaN 的意思是该值为非数字。

怎么样？答对了多少？如果全对，那么这章内容掌握得很好；如果有错误，那么应该看一下自己对哪方面的知识还有疑问。

10.6　Event 对象

Event 对象代表事件的状态，比如事件在其中发生的元素、键盘按键的状态、鼠标的位置、鼠标按钮的状态等。

10.6.1　简单上手

其实事件对象在网页中已经运用得很普遍了，只是不懂 JavaScript 的人不了解到底哪里用到了这些事件。下面我们通过一个具体的网站来看一下 Event 对象。

以百度为例，正常的操作情况就是打开百度网址 http://baidu.com，直接输入查询文字、点击搜索按钮后即可查看搜索结果，如图 10-15 所示。读者有没有思考过，这中间省略了一个环节，即激活搜索文本输入框，将鼠标移动到输入框内。为什么会少了这一环节呢？

这是因为百度在页面加载完成后，通过 JavaScript 直接让输入框获取了焦点。这个事件称为 onfoucs（获取焦点）事件。

图 10-15   百度案例

10.6.2   事件句柄（Event Handlers）

事件句柄列表如表 10-10 所示。

表 10-10   事件句柄列表

属　　　性	此事件发生在何时
onabort	图像的加载被中断
onblur	元素失去焦点
onchange	域的内容被改变
onclick	当用户点击某个对象时调用的事件句柄
ondblclick	当用户双击某个对象时调用的事件句柄
onerror	在加载文档或图像时发生错误
onfocus	元素获取焦点
onkeydown	某个键盘按键被按下
onkeypress	某个键盘按键被按下并松开
onkeyup	某个键盘按键被松开
onload	一张页面或一幅图像完成加载
onmousedown	鼠标按钮被按下
onmousemove	鼠标被移动
onresize	窗口或框架被重新调整大小
onsubmit	确认按钮被点击
onreset	重置按钮被点击

属　　性	此事件发生在何时
onselect	文本被选中
onunload	用户退出页面

通过以上事件句柄，我们就可以实现百度首页的效果。示例代码如图 10-16 所示。

```html
1  <!DOCTYPE html>
2  <html>
3  <head>
4      <meta charset="UTF-8">
5      <title>兄弟连IT教育</title>
6  </head>
7  <body>
8      搜索框： <input type="text" id="search">
9      <script>
10         // 当网页加载完毕后，执行onload
11         window.onload = function(){
12             // 获取搜索框标签
13             var search = document.querySelector("#search");
14             // 让搜索框获取焦点
15             search.focus();
16             // 当搜索框区域输入内容时，即触发此事件，执行搜索
17             search.onkeydown = function(){
18                 alert("文本框内容改变，执行搜索");
19             }
20         }
21     </script>
22 </body>
23 </html>
```

图 10-16　焦点文本框效果

其效果就如同百度首页一样。当进入首页时，自动将焦点聚焦在输入框上；当在输入框内输入文字时，会自动进行搜索。

10.6.3　鼠标/键盘属性

鼠标/键盘属性列表如表 10-11 所示。

表 10-11　鼠标/键盘属性列表

属　　性	描　　述
altKey	返回当事件被触发时，"Alt" 键是否被按下

属　　性	描　　述
button	返回当事件被触发时，哪个鼠标按钮被点击
clientX	返回当事件被触发时，鼠标指针的水平坐标
clientY	返回当事件被触发时，鼠标指针的垂直坐标
ctrlKey	返回当事件被触发时，"Ctrl"键是否被按下
metaKey	返回当事件被触发时，"meta"键是否被按下
screenX	返回当某个事件被触发时，鼠标指针的水平坐标
screenY	返回当某个事件被触发时，鼠标指针的垂直坐标
shiftKey	返回当事件被触发时，"Shift"键是否被按下
relatedTarget	返回与事件的目标节点相关的节点

示例代码如下：

```
<html>
<head>
<script type="text/javascript">
function isKeyPressed(event)
{
   if (event.shiftKey==1)
      {
      alert("The shift key was pressed!")
      }
   else
      {
      alert("The shift key was NOT pressed!")
      }
   }
</script>
</head>
<body onmousedown="isKeyPressed(event)">
<p>在文档中点击某个位置。消息框会告诉你是否按下了 Shift 键。</p>
</body>
</html>
```

在这里，当检测到用户的鼠标落下的时候，会触发 isKeyPressed(event)事件，该事件通过 Event 对象的 shiftKey 属性判断是否刚才按下了"Shift"键。altKey 属性、ctrlKey 属性也是一样的。

不过，还有两个属性在开发中也比较常用，即 clientX 和 clientY。示例代码如下：

```
<html>
<head>
```

```
<script type="text/javascript">
function show_coords(event)
{
x=event.clientX
y=event.clientY
alert("X 坐标: " + x + ", Y 坐标: " + y)
}
</script>
</head>
<body onmousedown="show_coords(event)">
<p>请在文档中点击。一个消息框会提示出鼠标指针的 x 和 y 坐标。</p>
</body>
</html>
```

这样就清楚地知道当前鼠标按下时的 *x* 和 *y* 坐标的位置。在写触屏效果时，也可以知道当前手势的位置，进而进行相应的算术运算。

10.6.4　IE 属性

与访问其他浏览器的 Event 对象不同，要访问 IE 中的对象有几种不同方式，取决于指定事件处理程序的方法。在添加事件处理程序时，Event 对象作为 Window 对象的一个属性存在。来看下面的一个例子，如图 10-17 所示。

```
<input id="myBtn" type="button" value="Click me" />
<script>
var oBtn = document.getElementById("myBtn");
oBtn.onclick = function(){
    var event = window.event;
    alert(event.type);
}
</script>
```

图 10-17　点击事件示例代码

在此，我们通过 window.event 取得了 Event 对象，并检测到了被触发事件的类型（IE 中的 type 属性与 DOM 中的 type 属性一致）。运行结果如图 10-18 所示。

图 10-18　IE 中的事件对象

IE 的 Event 对象同样包含与创建它的事件相关的属性和方法,其中很多属性和方法都有对应的或者相关的 DOM 属性和方法。与 DOM 的 Event 对象一样,这些属性和方法也会因为事件类型的不同而不同,但所有事件都会包含表 10-12 所示的属性和方法。

表 10-12　IE 事件的属性和方法

属性／方法	类型	读/写	说　　明
cancleBubble	Boolean	只读	默认值为 false,但将其设置为 true 就可以取消事件冒泡(与 DOM 中的 stopPropagation()方法的作用相同)
returnValue	Boolean	只读	默认值为 true,但将其设置为 false 就可以取消事件的默认行为(与 DOM 中的 preventDefault()方法的作用相同)
srcElement	Element	只读	事件的目标(与 DOM 中的 tartget 属性相同)
type	String	只读	被触发的事件的类型

当然,IE 属性不仅仅有上面这些,下面笔者将大部分属性列举出来作为参考,如表 10-13 所示。

表 10-13　IE 属性列表

属　　性	描　　述
fromElement	对于 mouseover 和 mouseout 事件,fromElement 引用移出鼠标的元素
keyCode	对于 keypress 事件,该属性声明了被敲击的键生成的 Unicode 字符码。对于 keydown 和 keyup 事件,它指定了被敲击的键的虚拟键盘码。虚拟键盘码可能与使用的键盘的布局相关
offsetX,offsetY	发生事件的地点在事件源元素的坐标系统中的 x 坐标和 y 坐标
toElement	对于 mouseover 和 mouseout 事件,该属性引用移入鼠标的元素
x,y	事件发生的位置的 x 坐标和 y 坐标,它们相对于用 CSS 动态定位的最内层包容元素

10.6.5　标准 Event 对象属性

Event 对象可以让 HTML 特定的事件处理程序与 JavaScript 函数执行相同的操作。Event 对象包含与创建它的特定事件有关的属性和方法。触发的事件类型不一样,可用的属性和方法也不一样。不过,所有事件都会有表 10-14 所示的成员。

表 10-14　标准 Event 对象属性

属　　性	描　　述
bubbles	返回布尔值,指示事件是否是起泡事件类型

续表

属　　性	描　　述
cancelable	返回布尔值,指示事件是否能被 event.preventdefault()取消默认动作
currentTarget	当前处理该事件的元表、文档或窗口
eventPhase	返回事件传播的当前阶段
target	返回触发此事件的元素(事件的目标节点)
timeStamp	返回事件生成的日期和时间

注:只有在事件处理程序执行期间 Event 对象才会存在;一旦事件处理程序执行完毕,Event 对象就会被销毁。

10.6.6　标准 Event 对象方法

标准 Event 对象方法如表 10-15 所示。

表 10-15　标准 Event 对象方法

方　　法	描　　述
initEvent()	初始化新创建的 Event 对象的属性
preventDefault()	通知浏览器不要执行与事件关联的默认动作

不过,常用 preventDefault()方法去除浏览器中与事件关联的默认动作。

本章小结

在本章中,笔者相继讲解了字符串对象 String、数学对象 Math、日期对象 Date、正则对象 RegErp、数值对象 Number、事件对象 Event。在讲解每个对象时,通过简单上手、构造方法、其他方法和实际操作等步骤对每个对象的具体创建、使用进行了详细解读。

不过,Event 事件对象在本系列书籍《细说 DOM 编程》中会再次进行详细解析。

本章习题及其答案

本章资源包

本章扩展知识

课后练习题

一、选择题

1．Math 对象里返回 0～1 之间的随机数的方法是（　　）。

A．round()　　　　　B．ceil()　　　　　C．floor()　　　　　D．rand()

2．下面哪一个是字符串分隔方法？（　　）

A．split()　　　　　B．charAt()　　　　C．indexOf()　　　　D．substring()

3．返回 Date 对象的年份值的方法是（　　）。

A．getFullYear()　　B．getMonth()　　　C．getDay()　　　　D．getSeconds()

4．将数组元素顺序颠倒的函数是（　　）。

A．join()　　　　　B．langth()　　　　C．reverse()　　　　D．sort()

5．将字符串转换成浮点数字形式的函数是（　　）。

A．parseFloat()　　　B．parseInt()　　　C．prompt()　　　　D．toLowerCase()

二、编程题

假如当前有一个网站，其中包含了大量的<a></a>超链接标签，我们想通过正则表达式来获取每个超链接标签的 src 网址属性，该如何实现？

反侵权盗版声明

电子工业出版社依法对本作品享有专有出版权。任何未经权利人书面许可,复制、销售或通过信息网络传播本作品的行为;歪曲、篡改、剽窃本作品的行为,均违反《中华人民共和国著作权法》,其行为人应承担相应的民事责任和行政责任,构成犯罪的,将被依法追究刑事责任。

为了维护市场秩序,保护权利人的合法权益,我社将依法查处和打击侵权盗版的单位和个人。欢迎社会各界人士积极举报侵权盗版行为,本社将奖励举报有功人员,并保证举报人的信息不被泄露。

举报电话:(010)88254396;(010)88258888

传　　真:(010)88254397

E-mail: dbqq@phei.com.cn

通信地址:北京市万寿路173信箱

　　　　　电子工业出版社总编办公室

邮　　编:100036